基礎から学べる
工系の力学

廣岡 秀明 著

共立出版

まえがき

　本書は，高校で物理が苦手あるいは未履修であったものの工学系の学部に入学した1年生向けに，力学の基礎となる内容について著した入門書である．昨今，セメスター制度を導入する大学が増えている状況をふまえ，半期で力学のエッセンスを習得できるように，章立てを15に分け，必要となる数学的手法についても本書のみで完結できるように配慮した構成をとっている．

　巷間伝えられるように，大学進学率の上昇と学習指導要領の改訂によるいわゆる「ゆとり教育」などを要因として，特に大学での物理教育は学習効果を上げることが厳しくなっている．これは高校物理の履修率低下により，基礎的な内容を学習せずに大学での物理学の講義を履修せざるを得ない学生と，自然科学の基礎として最低限このくらいは修得してほしいと考える教員との意識の差が，要因のひとつであるように思う．確かに，特に工学系の学部では，上級年次の科目を履修するためにも，物理学の基礎固めは必須である．しかし，教員がこれくらいはわかっていると想定している内容を，残念ながら未消化なままにしている学生も多い．

　そこで本書では，大学の教科書という体裁をとってはいるが，高校物理や高校数学の水準をスタート位置ととらえ，大学での講義レベルへのギャップを埋めるように執筆することを心がけた．力学の学習をスムーズにするため，はじめに静力学を取り上げ，力の表し方を習得したのちに運動学へ移行する配置をとった．これまでの筆者の調査により，物体にはたらく力を正しく表現できない学生が多く，それが原因で力のつり合いや，力のモーメントのつり合い，そして運動方程式の立式へうまくつながらないということがわかってきた．そのため本書では，まず集中的にこの点について学習してもらい，つまずきを減らすよう工夫した．

　つぎに，学生のモチベーションを上げるために，ごく基礎的な問題を多く設け，少しずつできる感覚を持ってもらいながら，章末でのまとめの問題へと導くような配置とした．また，問題解答についても，なるべく自習ができるような解説を試みた．紙面の都合もあり，詳細な解説とはならなかったが，うまく狙い通りに役割を果たし，力学の入門書として役立てられたのならば，これに勝るものはない．

　最後に，本書の執筆を勧めてくださった共立出版（株）の寿日出男氏，問題の解答チェックという面倒な作業を引き受けてくれた北里大学の山本洋講師，そして筆者の遅い作業にいつも付き合っていただいた編集担当の大越隆道氏に感謝申し上げる．

2014年12月
廣岡秀明

目次

第1章　ベクトルと三角比　　1
1.1　ベクトル量とスカラー量　　1
1.2　ベクトル量と有向線分　　2
1.3　ベクトルの合成　　2
1.4　ベクトルの分解　　5
1.5　三角比　　7
1.6　三角比とベクトルの分解　　8
1.7　三角比の拡張　　9
1.8　ベクトルの内積　　11
1.9　ベクトルの外積　　12

第2章　力のつり合い　　15
2.1　力の表し方　　15
2.2　力の合成と分解　　16
2.3　いろいろな力　　18
2.4　作用と反作用　　21
2.5　万有引力　　22
2.6　力のつり合い　　23
2.7　力のつり合いのまとめ　　24

第3章　大きさのある物体　　30
3.1　剛体　　30
3.2　力のモーメント　　30
3.3　力のモーメントのつり合い　　32
3.4　重心　　35
3.5　圧力　　37
3.6　浮力　　41

第4章　微分と積分　　46
4.1　関数　　46
4.2　変化量と変化の割合　　47
4.3　微分係数　　47
4.4　導関数　　48
4.5　合成関数の導関数　　51
4.6　不定積分　　52
4.7　定積分　　53

第 5 章　運動の表し方　56
- 5.1　物体の位置　56
- 5.2　物体の速さ　57
- 5.3　物体の速度　58
- 5.4　速さと移動距離　60
- 5.5　物体の加速度　61
- 5.6　等加速度直線運動　63

第 6 章　運動の法則　67
- 6.1　力と運動　67
- 6.2　ニュートンの運動の 3 法則　68
- 6.3　運動方程式の解法のまとめ　68
- 6.4　重力による運動　70

第 7 章　いろいろな運動 1　79
- 7.1　張力がある運動　79
- 7.2　滑車を利用した運動　82
- 7.3　摩擦力がある運動　84
- 7.4　空気抵抗がある運動　86

第 8 章　三角関数　91
- 8.1　弧度法　91
- 8.2　三角関数　92
- 8.3　三角関数のグラフ　97
- 8.4　加法定理　98
- 8.5　三角関数の微分と積分　100

第 9 章　いろいろな運動 2　104
- 9.1　等速円運動　104
- 9.2　等速円運動の表し方　105
- 9.3　等速円運動の例　108

第 10 章　いろいろな運動 3　113
- 10.1　単振動　113
- 10.2　単振動の例　116

第 11 章　仕事　122
- 11.1　仕事とは何か　122
- 11.2　いろいろな力のする仕事　123
- 11.3　変化する力がする仕事　124
- 11.4　力に逆らってする仕事　124
- 11.5　仕事の原理　126
- 11.6　仕事率　128

第 12 章 エネルギー　　131

12.1 エネルギーとは何か　　131
12.2 運動エネルギー　　131
12.3 位置エネルギー　　133
12.4 力学的エネルギーの保存　　136

第 13 章 運動量　　143

13.1 衝突　　143
13.2 力積と運動量　　143
13.3 撃力　　144
13.4 衝突時の力の評価　　145
13.5 運動量保存の法則　　146
13.6 はねかえり係数　　148

第 14 章 質点系の運動　　153

14.1 2つの質点の運動　　153
14.2 N 個の質点の運動　　155
14.3 重心運動と相対運動のエネルギー　　156
14.4 角運動量　　158
14.5 質点系の角運動量　　160

第 15 章 剛体の運動　　164

15.1 質点系としての剛体　　164
15.2 剛体のつり合い　　164
15.3 固定軸の周りの運動　　166
15.4 慣性モーメントの計算　　169
15.5 剛体の平面運動　　172

問題解説　　177

索　引　　210

第1章　ベクトルと三角比

この章の到達目標

☞ ベクトル量の基本的な計算方法を習得する
☞ ベクトルの分解を三角比を用いて表現できるようにする

本章では，あとの章で必要となるベクトルの合成，分解，大きさの計算や角度の求め方など，基本的な計算方法について学習する．特に，ベクトルの分解では三角比を用いる表現方法を学び，力のつり合いや運動方程式を学習する際に困らないよう，早い段階で慣れることを目標とする．

▶ 1.1　ベクトル量とスカラー量

北風とは北の方角から南の方角へ吹く風のことで，向きをもっている．これに風の速さである風速 3.0 m/s といった情報を加えて，風のようすは表現される．このように，日常接する情報の中には**向き**と**大きさ**をもつものは多く，これらは**ベクトル量**とよばれる．これに対して，気温 25°C といったように，大きさ（数値）のみで表現されるものもある．これらは**スカラー量**とよばれ，ベクトル量とは区別される．

> ベクトル量は，単にベクトルとよぶこともある．

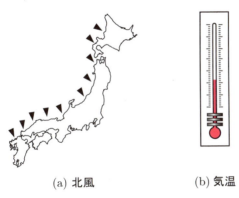

(a) 北風　　　(b) 気温

図 1.1：ベクトル量とスカラー量

ベクトル量はアルファベットなどの記号に矢印をつけて $\vec{a}$ などと表し，スカラー量は矢印なしの記号のみで a などと表現する．ベクトル量のうち，大きさのみに着目したいときには，**ベクトルの大きさ**とよんで，$|\vec{a}|$ などのように表す．また，式 (1.1) のように簡易的に表すこともある．この場合，a がもともとベクトル量であることを忘れないようにすることが大事である．

> ベクトル量を $\boldsymbol{a}$ のように，太字の斜体で表すこともあるが，本書ではまぎれなくわかるように矢印つきで表すことにする．

$$a = |\vec{a}| \tag{1.1}$$

▶Q1 身の回りのベクトル量とスカラー量をいくつかあげてみよ．

▶ 1.2 ベクトル量と有向線分

図 1.2 のように，点 A と点 B を結んだ線分に，点 A から点 B といった向きづけを行ったものを **有向線分** AB とよび，$\overrightarrow{AB}$ のように表す．このとき，点 A を **始点**，点 B を **終点** とよぶ．

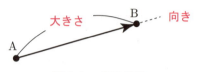

図 1.2：有向線分

有向線分は，向きおよび線分の長さによる大きさが同時に表現されるため，ベクトル量を表すのに都合がよい．そこで，向きと大きさのみに着目し，図 1.3 のように，$\overrightarrow{AB}$ が平行移動で互いに重なるような $\overrightarrow{A'B'}$ や $\overrightarrow{A''B''}$ を同じベクトルとして表し，すべて $\vec{a}$ などと表すことにする．

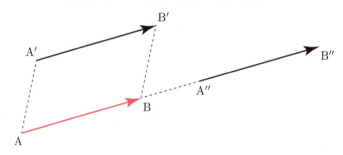

図 1.3：ベクトルとしての有向線分

▶Q2 平行移動で有向線分が重なったとき，同じベクトルとみなせるのはなぜか考えてみよ．

▶Q3 下図の中で，$\vec{a}$ と等しいベクトル，$\vec{a}$ と大きさのみ等しいベクトルはどれか．

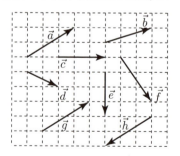

▶ 1.3 ベクトルの合成

▶▶ ベクトルの和

図 1.4(a) のように，ベクトル $\vec{a}$ の終点とベクトル $\vec{b}$ の始点を合わせて，$\vec{a}$ の終点から $\vec{b}$ の終点に対する有向線分をつくる．できあがった新たなベ

クトルをもとのベクトルの和あるいは合成とよび，$\vec{a}+\vec{b}$ で表す．これは $\vec{a}$ の方向へ移動したあと $\vec{b}$ の方向へ移動したとき，最初の位置からどれだけ変化したかを表していると考えることもできる．

> この解釈は，ベクトルを位置の変化としての変位ベクトルと見なすことに対応する．

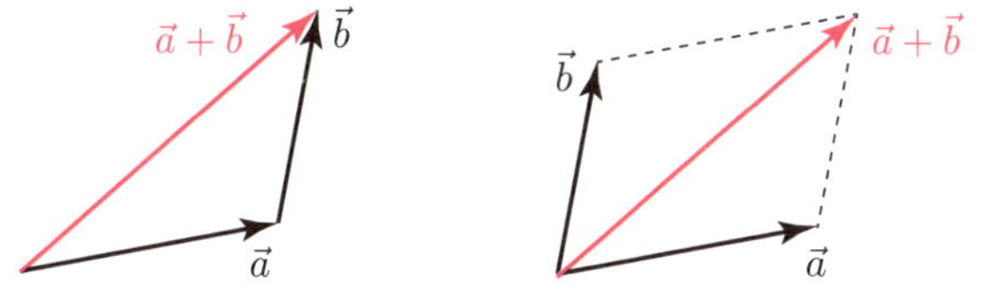

図 1.4：ベクトルの和

同じベクトルの和 $\vec{a}+\vec{b}$ は，図 1.4(b) のように，$\vec{a}$ と $\vec{b}$ が 2 辺となるような平行四辺形をつくり，その対角線を考えることでも得ることができる．

Q4 図 1.4 の (a) と (b) で，ベクトルの和 $\vec{a}+\vec{b}$ が等しくなる理由を考えよ．

▶▶ 逆ベクトル

ベクトルの合成の特別な場合として，図 1.5 のように，$\vec{a}+\vec{b}$ で $\vec{b}$ の終点が $\vec{a}$ の始点となることがある．このとき，合成されたベクトルは，向きも大きさももたない．これを**ゼロベクトル**とよび $\vec{0}$ あるいは単に 0 と表す．

> 大きさのあるもの同士の和で，大きさが 0 になるのは，ベクトル量の特徴である．

図 1.5：ゼロベクトル

式で表すと，$\vec{a}+\vec{b}=0$ なので，$\vec{b}$ はつぎのように表される．

$$\vec{b} = -\vec{a} \tag{1.2}$$

このとき，$\vec{b}$ は $\vec{a}$ の**逆ベクトル**とよび，$\vec{a}$ とは大きさが等しく向きが逆のベクトルとなる．つまり，式 (1.2) におけるマイナス符号は，ベクトルの向きが逆であることを表しており，負の値を意味するわけではない．

> マイナス符号があっても，ベクトルの大きさは正の値である．

▶▶ ベクトルのスカラー倍

ベクトルの大きさは有向線分の長さで表されるので，長さを 2 倍にすれば，2 倍の大きさをもつベクトルを表すことになる．図 1.6 のように，ベクトル $\vec{a}$ を表す有向線分の長さを k 倍したとき，そのベクトルを $k\vec{a}$ と表す．k が負の値の場合は，式 (1.2) で示されているように，長さが $|k|$ 倍で向きが逆のベクトルを表す．

(a) k が正   (b) k が負

図 1.6：ベクトルのスカラー倍

k として $\vec{a}$ の大きさの逆数を選ぶと，スカラー倍されたベクトルは必ず大きさが 1 となる．特に，大きさが 1 のベクトルは**単位ベクトル**とよばれ，

方向を表すベクトルの基準となる．任意の $\vec{a}$ に対して，単位ベクトル $\vec{e}$ は，つぎのように表される．

$$\vec{e} = \frac{\vec{a}}{|\vec{a}|} = \frac{\vec{a}}{a} \tag{1.3}$$

▶Q5 $k = 0$ の場合，スカラー倍されたベクトルはどうなるか．

▶▶ ベクトルの差

逆ベクトルを用いると，形式的にベクトルの引き算を考えることができる．図 1.7(a) のような，$\vec{a}$ と $\vec{b}$ に対して $\vec{a} - \vec{b}$ を考える．これは $\vec{a} + (-\vec{b})$ のことなので，図 1.7(b) のように，$\vec{a}$ と $\vec{b}$ の逆ベクトルとの和を求めればよい．

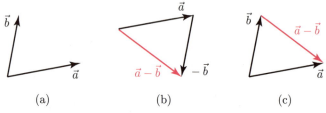

図 1.7：ベクトルの差

ベクトルの差 $\vec{a} - \vec{b}$ は，図 1.7(a) に対して，図 1.7(c) のように表すこともできる．つまり，ベクトルの差 $\vec{a} - \vec{b}$ は，$\vec{a}$ と $\vec{b}$ のそれぞれの終点を結ぶ有向線分として表すことができる．

例題 1

図のように，平行四辺形 ABCD の対角線の交点 O から点 A と点 B へ向かう有向線分を $\vec{a}$ および $\vec{b}$ とする．このとき，$\overrightarrow{AB}$ と $\overrightarrow{BC}$ は $\vec{a}$ と $\vec{b}$ を用いて，どのように表されるか．

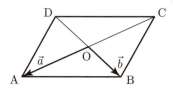

解説 $\overrightarrow{AB}$ は A→B の有向線分であり，A→O→B でも表現できる．下図のように，$\overrightarrow{AO}$ は $-\vec{a}$ のことなので，$\overrightarrow{AB} = -\vec{a} + \vec{b}$ である．

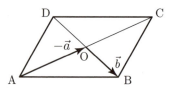

$\overrightarrow{BC}$ は B→C の有向線分であり，B→O→C でも表現できる．下図のように，$\overrightarrow{BO}$ は $-\vec{b}$ であり，$\overrightarrow{OC}$ は $\overrightarrow{AO}$ を平行移動したものなので $\vec{a}$ である．

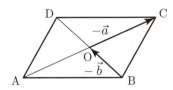

したがって，$\overrightarrow{\mathrm{BC}} = -\vec{a} - \vec{b}$ である．

▶ 1.4 ベクトルの分解

ひとつのベクトル $\vec{p}$ を，互いに平行でないふたつのベクトル $\vec{a}$ と $\vec{b}$ の和で表すことを**ベクトルの分解**とよぶ．このとき，$\vec{p}$ は $\vec{a}+\vec{b}$ なので，図 1.8(a) のように，$\vec{p}$ は $\vec{a}$ と $\vec{b}$ によってつくられる平行四辺形の対角線で与えられる有向線分である．

$\vec{a}$ と $\vec{b}$ が 0 でなく，互いに平行でない場合，ベクトルの分解は一意に決まることが示される．

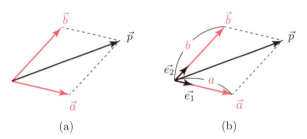

図 1.8：ベクトルの分解

また，図 1.8(b) のように，$\vec{a}$ と $\vec{b}$ のそれぞれの方向の単位ベクトルを $\vec{e}_1$ および $\vec{e}_2$ としたとき，$\vec{a} = a\vec{e}_1$ および $\vec{b} = b\vec{e}_2$ なので，$\vec{p}$ はつぎのように表される．

$$\vec{p} = a\vec{e}_1 + b\vec{e}_2 \tag{1.4}$$

$\vec{e}_1 = \dfrac{\vec{a}}{a}$, $\vec{e}_2 = \dfrac{\vec{b}}{b}$

このとき，$\vec{p}$ に対して a のことを $\vec{a}$ の方向の成分，b のことを $\vec{b}$ の方向の成分という．

▶▶ ベクトルの座標成分表示

特に，分解するベクトルの方向を直交させて，図 1.9 のように x-y 座標とし，$\vec{p}$ の始点を原点 O にとったとする．

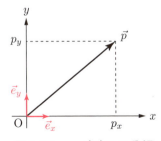

図 1.9：x-y 方向への分解

すると，x 方向の単位ベクトル $\vec{e}_x$ と y 方向の単位ベクトル $\vec{e}_y$ を用いて，$\vec{p}$

は式 (1.5) のように表される．

$$\vec{p} = p_x \vec{e}_x + p_y \vec{e}_y \tag{1.5}$$

このとき，それぞれの成分はちょうど $\vec{p}$ の終点の座標値を表している．平行移動してもベクトルの向きと大きさは変わらないので，任意のベクトルは必ず図 1.9 のように，終点の座標値を用いて表現することができる．そこで，$\vec{p}$ を式 (1.6) のように表し，これをベクトルの**成分表示**とよぶ．

$$\vec{p} = (p_x, p_y) \tag{1.6}$$

これは容易に 3 次元に拡張することができ，z 方向の単位ベクトルを $\vec{e}_z$，z 成分を p_z とすれば，つぎのようになる．

$$\vec{p} = p_x \vec{e}_x + p_y \vec{e}_y + p_z \vec{e}_z = (p_x, p_y, p_z) \tag{1.7}$$

Q6 x 軸方向の単位ベクトル $\vec{e}_x$ および y 軸方向の単位ベクトル $\vec{e}_y$ を成分表示するとどうなるか．

▶▶ 成分表示によるベクトルの大きさ

ベクトルを成分表示すると，暗黙のうちに始点は原点であり，成分の値が終点座標となる．したがって，ベクトルが式 (1.6) のような場合，ベクトルの大きさは三平方の定理より，つぎのように表される．

$$p = |\vec{p}| = \sqrt{p_x{}^2 + p_y{}^2} \tag{1.8}$$

Q7 あるベクトルを成分表示すると $(2, 4)$ であった．このベクトルの大きさはいくらか．

Q8 ある有向線分が x-y 座標上にある．この有向線分の始点の座標が $(1, 2)$ で，終点の座標が $(4, -1)$ であった．この有向線分の大きさはいくらか．また，この有向線分を成分表示するとどうなるか．

▶▶ 成分表示によるベクトルの計算

2 つのベクトル $\vec{a}$ と $\vec{b}$ が成分表示でつぎのように表されているとき，その合成 $\vec{a} + \vec{b}$ を考えてみる．

$$\vec{a} = (a_x, a_y), \quad \vec{b} = (b_x, b_y) \tag{1.9}$$

これらを式 (1.5) のように，単位ベクトルを用いて表して計算すると

$$\begin{aligned}\vec{a} + \vec{b} &= a_x \vec{e}_x + a_y \vec{e}_y + b_x \vec{e}_x + b_y \vec{e}_y \\ &= (a_x + b_x) \vec{e}_x + (a_y + b_y) \vec{e}_y \\ &= (a_x + b_x, a_y + b_y)\end{aligned} \tag{1.10}$$

となるので，ベクトルの各成分ごとの計算をすることで合成できることがわかる．

成分計算は，ベクトル量をスカラー量として計算できるので，とても重要な手法である．

Q9 式 (1.9) を用いて，$\vec{a} - \vec{b}$ を計算せよ．

- **Q10** 2つのベクトル $\vec{a} = (1, 2)$ と $\vec{b} = (-2, 3)$ に対して，$\vec{a} + \vec{b}$ を求め，その大きさを計算せよ．

- **Q11** 2つのベクトル $\vec{a} = (1, 2)$ と $\vec{b} = (-2, 3)$ に対して，$\vec{a} - \vec{b}$ を求め，その大きさを計算せよ．

▶ 1.5 三角比

図 1.10 のように，ある角度が θ〔度〕で大きさの異なる2つの直角三角形は，相似の関係にある．

> 2つの角度が等しい三角形は相似である．

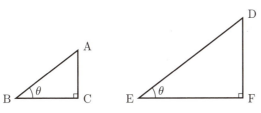

図 1.10: 三角形の相似

このとき，△ABC と △DEF の対応する辺の長さは違っても，辺の長さの比は変わらない．つまり，AB と DE の長さは違うが，AB:BC と DE:EF の長さの比は等しくなっている．これは角度 θ が等しければ，$\dfrac{BC}{AB}$ と $\dfrac{EF}{DE}$ の値は同じことを意味する．このように，角度によって決まる辺の比の値のことを**三角比**とよぶ．

図 1.10 で三角比とは，つぎの3つの比の値 (s, c, t) とその逆数の6つの組み合わせがある．

$$s = \frac{AC}{BA} = \frac{DF}{ED}, \quad c = \frac{BC}{AB} = \frac{EF}{DE}, \quad t = \frac{CA}{BC} = \frac{FD}{EF} \tag{1.11}$$

これらの比の値は θ によって決まるので，明示的につぎのように表す．

$$\sin\theta = \frac{AC}{BA} = \frac{DF}{ED}, \quad \cos\theta = \frac{BC}{AB} = \frac{EF}{DE}, \quad \tan\theta = \frac{CA}{BC} = \frac{FD}{EF} \tag{1.12}$$

> θ によって値が決まるという意味では関数である．

また，これらの逆数はつぎのように表すが，一方がわかればもう一方はわかるので，本書では式 (1.12) のみを利用することにする．

$$\csc\theta = \frac{BA}{AC} = \frac{ED}{DF}, \quad \sec\theta = \frac{AB}{BC} = \frac{DE}{EF}, \quad \cot\theta = \frac{BC}{CA} = \frac{EF}{FD} \tag{1.13}$$

それぞれの比の値は，比の値を考える2つの辺によって囲まれる角度によって区別される．角度には，注目している角度 θ，直角，第3の角度の3種類があり，例えば θ を囲んでいる AB と BC の比の値であれば $\cos\theta$ といった具合である．

> 辺の比を考えるのに，斜辺から始めてどの角を回り込むかでサインかコサインとなり，直角を回り込むときはタンジェントになるとも表現できる．

表 1.1: 三角比の種類

記号	名称	読み方	囲まれた角度
sin	正弦	サイン	第3の角度
cos	余弦	コサイン	注目する角度
tan	正接	タンジェント	直角

8　第1章　ベクトルと三角比

> **例題 2**
> 三角比の間には，つぎの関係があることを確認せよ．
> $$\tan\theta = \frac{\sin\theta}{\cos\theta}, \quad \sin^2\theta + \cos^2\theta = 1$$

AB=BA, AC=CA

解説　式 (1.12) より，
$$\frac{\sin\theta}{\cos\theta} = \frac{\frac{AC}{BA}}{\frac{BC}{AB}} = \frac{AC}{BC} = \tan\theta$$

となる．また，図 1.10 で直角三角形の三平方の定理より $BC^2 + AC^2 = AB^2$ なので
$$\left(\frac{BC}{AB}\right)^2 + \left(\frac{AC}{AB}\right)^2 = 1$$

となるので
$$\sin^2\theta + \cos^2\theta = 1$$

が得られる．　■

Q12　直角二等辺三角形を考える．$\sin 45°$ の値はいくらか．

Q13　直角二等辺三角形を考える．$\tan 45°$ の値はいくらか．

Q14　下図のように，辺の比が 3：4：5 の直角三角形で，注目する角度を θ としたとき，$\sin\theta$，$\cos\theta$，$\tan\theta$ の値は，それぞれいくらか．

▶ 1.6 三角比とベクトルの分解

このあとの章で頻繁に登場することになるので，感覚的に表現できるようになるまで，じゅうぶんに練習を積んでもらいたい．

　三角比を考えるうえで重要なことは，ベクトルの分解への応用である．図 1.11(a) のように，直角三角形の直角の点 A から辺 BC へ垂線を下し，垂線の足を点 D とする．このとき，図 1.11(b) のように，有向線分 $\overrightarrow{AD}$ を AB と AC の方向へ分解するベクトル $\overrightarrow{AE}$ と $\overrightarrow{AF}$ の大きさを考えてみる．

この形は頻繁に登場するので，反射的にどことどこの角度が等しくなるかわかるようにしておくとよい．

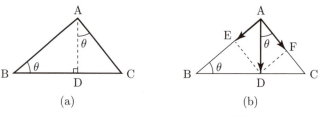

図 1.11：三角比とベクトルの分解

　△ABC と △DAC は直角三角形であり，∠C が共通であることから相似である．これより，∠ABC を θ〔度〕とおくと，対応する ∠DAC も θ となる．

ここで △DAF に注目したとき，$\sin\theta$ と $\cos\theta$ は，つぎのような辺の比で与えられる．

$$\sin\theta = \frac{\mathrm{DF}}{\mathrm{AD}}, \quad \cos\theta = \frac{\mathrm{AF}}{\mathrm{DA}} \tag{1.14}$$

また，AE=FD なので，AE と AF は θ を用いて，つぎのように表される．

$$\mathrm{AE} = \mathrm{AD}\sin\theta, \quad \mathrm{AF} = \mathrm{AD}\cos\theta \tag{1.15}$$

見方としては，表 1.1 を参考にして，AD から AF を見たときには角度 θ を回り込むので $\cos\theta$ となり，AD から DF（AE と同じ大きさ）を見たときには，△DAF で θ と直角ではない第 3 の角度を回り込んでいるので $\sin\theta$ を用いることを確認してもらいたい．

例題 3

図 1.11 で，$\overrightarrow{\mathrm{AD}}$ の大きさを BC を用いて表すとどうなるか．

解説 △ABC で，BC から CA を見たとき，∠C（θ での直角でもない第 3 の角）を回り込んでいるので，CA=BC$\sin\theta$ となる．また，△CAD では，CA から AD を見たとき，θ を回り込んでいるので，AD=CA$\cos\theta$ である．このことから，$\mathrm{AD} = \mathrm{BC}\sin\theta\cos\theta$ となる． ∎

⁍ Q15 図 1.11 で，AD を用いると AB と AC はどのように表されるか．

▶ 1.7 三角比の拡張

三角比とは，直角三角形の 1 つの内角 θ〔度〕を用いて表す辺の比のことであり，角度は $0 < \theta < 90°$ の範囲にある．これを，図 1.12 のような一般の三角形にも当てはめ，$0 < \theta < 180°$ とすることを考えてみよう．

あとの章では，θ に関する条件をすべて外したものを考える．

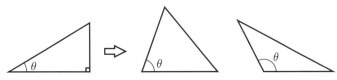

図 1.12：一般の三角形の内角へ拡張

角度 θ が鈍角になれば，三角形の残りの内角は必ず鋭角となり，式 (1.12) のような辺の比をつくることができない．そこで，値は変えずに三角形の辺の比という表現方法を改めることにする．

図 1.13 のように x-y 座標上に半径 r の半円を描き，半円上に点 P をおく．

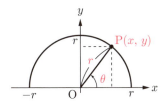

図 1.13：辺の比から座標値へ

このとき，OP と x 軸とのなす角を θ とすると，式 (1.12) は点 P の座標値 P(x, y) を用いて

$$\sin\theta = \frac{y}{r}, \quad \cos\theta = \frac{x}{r}, \quad \tan\theta = \frac{y}{x} \tag{1.16}$$

と表すことができる．

式 (1.16) のように，辺の長さから座標値へ三角比の表式を改めることで，角度 θ が鈍角であっても，等しく表現することができる．ただし，図 1.14 のように $90° < \theta < 180°$ の範囲にある点 P では，x 座標が負の値となるため，$\cos\theta < 0$ および $\tan\theta < 0$ となる．さらに，$\tan\theta$ については，θ が 90 度で $x = 0$ となるため，$\theta = 90°$ では定義しないこととする．

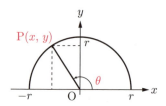

図 1.14：座標値による三角比

▶**Q16** 図 1.14 で $\theta = 135°$ のとき，点 P の座標はいくらか．

▶**Q17** 図 1.14 で $\theta = 150°$ のとき，点 P の座標はいくらか．

例題 4

角度の範囲が $0 \leq \theta \leq 90°$ に対する三角比がわかっているとき，角度 $180° - \theta$ に対する三角比を求めよ．

記号 "$\leq$" は不等号 "≦" と同じ意味である．

解説 θ と $180° - \theta$ の関係は，図のように半径 r の円周上で y 軸に対して対称な点 P と点 Q での三角比の関係を意味する．

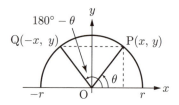

点 Q の x 座標の符号が点 P と異なるだけなので，

$$\begin{cases} \sin(180° - \theta) = \sin\theta = \dfrac{y}{r} \\[2mm] \cos(180° - \theta) = -\cos\theta = -\dfrac{x}{r} \\[2mm] \tan(180° - \theta) = -\tan\theta = -\dfrac{y}{x} \end{cases}$$

となる．

▶ 1.8 ベクトルの内積

図 1.15(a) のように，始点同士をつなげた $\vec{a}$ と $\vec{b}$ があり，そのなす角を θ〔度〕とする．

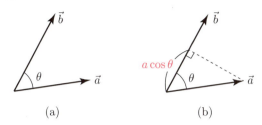

図 1.15：ベクトルの内積

ここで，図 1.15(b) のように，$\vec{a}$ の終点から $\vec{b}$ に対して垂線を下したとき，始点から垂線の足までの距離は $a\cos\theta$ と表される．これに $\vec{b}$ の大きさをかけたものを $\vec{a}$ と $\vec{b}$ の**内積**とよび，記号 $\vec{a}\cdot\vec{b}$ を用いて表現する．したがって，

$$\vec{a}\cdot\vec{b} = ab\cos\theta \tag{1.17}$$

である．これは 2 つのベクトル量からスカラー量をつくることになるので，**スカラー積**ともよばれる．

内積は，のちに仕事を考えるときに登場する．

特に，$\vec{a}$ と $\vec{b}$ が同じ方向を向いている（$\theta = 0$），互いに直交している（$\theta = 90°$），反対を向いている（$\theta = 180°$）ときには，つぎのように表される．

$$\vec{a}\cdot\vec{b} = \begin{cases} ab & (\theta = 0) \\ 0 & (\theta = 90°) \\ -ab & (\theta = 180°) \end{cases} \tag{1.18}$$

Q18 $|\vec{a}| = 2$ と $|\vec{b}| = 3$ に対して，$\vec{a}$ と $\vec{b}$ のなす角が 45 度のとき，$\vec{a}\cdot\vec{b}$ はいくらか．

▶▶ 内積の成分計算

2 つのベクトル $\vec{a}$ と $\vec{b}$ が x-y 座標の単位ベクトル $\vec{e}_x$ と $\vec{e}_y$ を用いて，つぎのように成分表示されているとする．

$$\vec{a} = a_x\vec{e}_x + a_y\vec{e}_y = (a_x, a_y), \quad \vec{b} = b_x\vec{e}_x + b_y\vec{e}_y = (b_x, b_y) \tag{1.19}$$

それぞれの単位ベクトルは直交しているので，$\vec{e}_x\cdot\vec{e}_y = 0$ である．したがって，$\vec{a}$ と $\vec{b}$ の内積は，次式のようになり，各成分ごとの積の和として与えられる．

$$\vec{a}\cdot\vec{b} = a_xb_x + a_yb_y \tag{1.20}$$

これはまた容易に 3 次元に拡張され，つぎのようになる．

$$\vec{a}\cdot\vec{b} = a_xb_x + a_yb_y + a_zb_z \tag{1.21}$$

例題 5

つぎの 2 つのベクトル $\vec{a}$ と $\vec{b}$ のなす角 θ〔度〕はいくらか．ただし，$0 \le \theta \le 180°$ とする．

$$\vec{a} = \left(1, \sqrt{3}\right), \quad \vec{b} = (2, 0)$$

解説 式 (1.17) より，ベクトルのなす角のコサインは次式で与えられる．

$$\cos\theta = \frac{\vec{a} \cdot \vec{b}}{ab}$$

内積 $\vec{a} \cdot \vec{b}$ は各成分の積の和，およびベクトルの大きさは成分の 2 乗の和の平方根であることを利用して，

$$\cos\theta = \frac{1 \times 2 + \sqrt{3} \times 0}{\sqrt{1^2 + (\sqrt{3})^2} \times \sqrt{2^2 + 0}} = \frac{1}{2}$$

これより $\theta = 60°$ となる．　■

Q19 2 つのベクトル $\vec{a} = (2, 4)$ と $\vec{b} = (-1, 3)$ のなす角 θ〔度〕はいくらか．ただし，$0 \le \theta \le 180°$ とする．

▶ 1.9 ベクトルの外積

図 1.16(a) のように，なす角が θ〔度〕の 2 つのベクトル $\vec{a}$ と $\vec{b}$ に対して，大きさ $ab\sin\theta$ で与えられ，$\vec{a}$ から $\vec{b}$ の向きに右ねじを回したときにねじが進む向きをもつベクトル $\vec{c}$ を考える．

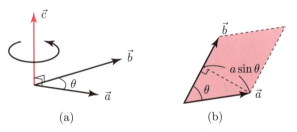

図 1.16：ベクトルの外積

外積は，のちに力のモーメントを考えるときに登場する．

このようにつくられるベクトルのことをベクトルの**外積**とよび，つぎのように表す．

$$\vec{c} = \vec{a} \times \vec{b} \tag{1.22}$$

これは 2 つのベクトル量からベクトル量をつくることになるので，**ベクトル積**ともよばれる．$\vec{a}$ と $\vec{b}$ の順番を入れ替えると，右ねじを回す向きが逆転するので，$\vec{c}$ の向きも逆となり，つぎの関係がある．

$$\vec{a} \times \vec{b} = -\vec{b} \times \vec{a} \tag{1.23}$$

また，ベクトル積の大きさは，図 1.16(b) のように，$\vec{a}$ と $\vec{b}$ からつくられる平行四辺形の面積に相当する．

ここで，右ねじの進む向きとは，xyz 座標で考えると，図 1.17 のようになる．つまり，x 軸から y 軸へ回したときには z 軸方向を向き，y 軸から z 軸へ回したときには x 軸方向を向き，z 軸から x 軸へ回したときには y 軸方向を向くような関係である．

$x \to y \to z \to x$ のような順である．

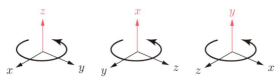

図 1.17：右ねじの向き

xyz 座標のそれぞれの単位ベクトル $\vec{e}_x$，$\vec{e}_y$，$\vec{e}_z$ に対して，図 1.17 の関係を用いて，式 (1.22) のように単位ベクトルの関係を書き表すと，つぎのようになる．

$$\vec{e}_x \times \vec{e}_y = \vec{e}_z, \quad \vec{e}_y \times \vec{e}_z = \vec{e}_x, \quad \vec{e}_z \times \vec{e}_x = \vec{e}_y \tag{1.24}$$

特に，なす角が 0 や 180° のとき，ベクトル積の大きさが 0 となるので，つぎの関係も成り立つ．

$$\vec{e}_x \times \vec{e}_x = \vec{e}_y \times \vec{e}_y = \vec{e}_z \times \vec{e}_z = 0 \tag{1.25}$$

Q20 式 (1.24) を確認せよ．

▶▶ 外積の成分計算

2 つのベクトル $\vec{a}$ と $\vec{b}$ が，xyz 座標の単位ベクトル $\vec{e}_x$，$\vec{e}_y$，$\vec{e}_z$ を用いて，つぎのように表されたとする．

$$\vec{a} = a_x \vec{e}_x + a_y \vec{e}_y + a_z \vec{e}_z, \quad \vec{b} = b_x \vec{e}_x + b_y \vec{e}_y + b_z \vec{e}_z \tag{1.26}$$

式 (1.24) と式 (1.25) より，$\vec{a} \times \vec{b}$ は，つぎのようになる．

$$\vec{a} \times \vec{b} = (a_y b_z - a_z b_y) \vec{e}_x + (a_z b_x - a_x b_z) \vec{e}_y + (a_x b_y - a_y b_x) \vec{e}_z \tag{1.27}$$

Q21 2 つのベクトル $\vec{a}$ と $\vec{b}$ が，つぎのように表されるとき，$\vec{a} \times \vec{b}$ の各成分はいくらになるか．
$$\vec{a} = (1, 2, 0), \quad \vec{b} = (2, 0, 1)$$

Q22 2 つのベクトル $\vec{a}$ と $\vec{b}$ が，つぎのように表されるとき，$\vec{a} \times \vec{b}$ の単位ベクトルを求めよ．
$$\vec{a} = (2, 1, 3), \quad \vec{b} = (1, 0, 2)$$

章末問題

問 1 図のように，正六角形 ABCDEF で有向線分 $\overrightarrow{AB}$ と $\overrightarrow{AF}$ をそれぞれ $\vec{a}$ および $\vec{b}$ とする．このとき，つぎの諸量を $\vec{a}$ と $\vec{b}$ を用いるとどうなるか．

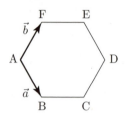

(a) $\overrightarrow{AD}$ (b) $\overrightarrow{BC}$ (c) $\overrightarrow{CE}$

問 2 つぎの 2 つのベクトル $\vec{a}$ と $\vec{b}$ に対して，以下の諸量を求めよ．

$$\vec{a} = (2, 3, 0), \quad \vec{b} = (1, -2, -1)$$

(a) $2\vec{a} + 3\vec{b}$
(b) $\vec{a} - 2\vec{b}$
(c) $\vec{a} + \vec{b}$ の単位ベクトル
(d) $\vec{a} \cdot \vec{b}$
(e) $\vec{a}$ と $\vec{b}$ のなす角（$\cos\theta$ の値）
(f) $\vec{a} \times \vec{b}$

問 3 図のように，x-y 座標の原点 O を始点とするベクトル $\vec{a}$ を，x 軸の正の向きと 30° をなす直線 ℓ_1 と x 軸の負の向きと 60° をなす直線 ℓ_2 の方向へ分解したとき，それぞれの方向成分を求めよ．

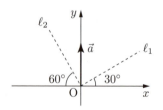

問 4 図のように，x-y 座標の原点 O を始点とするベクトル $\vec{F}$ を，x 軸の負の向きと 45° をなす直線 ℓ_1 と x 軸の正の向きと 30° をなす直線 ℓ_2 の方向へ分解したとき，それぞれの方向成分を求めよ．

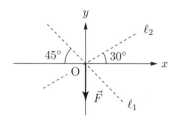

第2章 力のつり合い

---- この章の到達目標 ----
☞ 物体に作用する力を矢印を用いて表現できるようにする
☞ 力のつり合いと作用反作用の関係を正しく理解する

物体にはたらく力のようすを正しく表現できて，初めてつり合いや運動を理解することができる．そこで本章では，矢印を用いて力を表現することから始め，いくつかの典型的な力について学習する．そして，力のつり合いと作用反作用を区別できるようにしたのち，あらかじめ決まらない力について求める方法論を理解する．これらを通して，半ば自動的に問題が解けるようになることを目標とする．

▶ 2.1 力の表し方

力は大きさと向きをもつベクトル量なので，矢印を用いて物体に力がはたらいているようすを表現する．図 2.1 のように，物体に力がはたらいている点を**作用点**とよび，作用点から力のはたらいている向きに伸びる矢印を描く．また，力の向きを表す直線を**作用線**とよび，力の大きさは矢印の長さで表現する．力の大きさは**ニュートン**〔N〕という単位で表す．

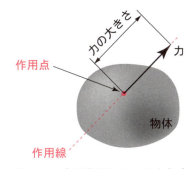

図 2.1： 力が作用しているようす

力の矢印を描くとき，始点はあくまで作用点であり，図 2.2 のような描き方はしないので注意が必要である．

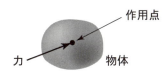

図 2.2： 誤った力の表し方

前の章で，ベクトルは平行移動しても同じベクトルとみなすと説明した．しかし，力のベクトルの場合は，物体に及ぼす影響を考慮しなければならない．図 2.3(a) のように，物体に力を加えたとき，この力のベクトルを (b) や (c) のように平行移動することを考える．

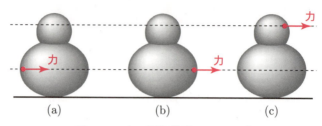

図 2.3：力の平行移動のイメージ

(a) と (b) のように，同じ作用線上であれば，物体を押すのか引くのかの違いだけなので，物体に及ぼす影響は変わらない．しかし，(c) のように作用線が違うと，物体に対する影響が異なるのではないかと感覚的に想像できないだろうか．つまり，等しいとみなせるのは，作用線上を平行移動した力のベクトル同士だけである．

> 詳しくは，力のモーメントのところで説明する．

▶ 2.2 力の合成と分解

▶▶ 合力

物体に 2 つ以上の力が加えられたとき，物体に対してそれらと同じ影響を及ぼす 1 つの力を求めることを**力の合成**とよび，合成された力のことを**合力**とよぶ．図 2.4(a) のように，物体に 2 つの力 $\vec{F}_1$ 〔N〕と $\vec{F}_2$ 〔N〕が作用しているとき，作用点が異なっていても，作用線上を移動して 1 つにすることができる．その後，ベクトルの合成として，図 2.4(b) のように合力 $\vec{F}_1 + \vec{F}_2$ を求めればよい．

> 作用線が平行の場合，合力の大きさはスカラー和で与えられる．

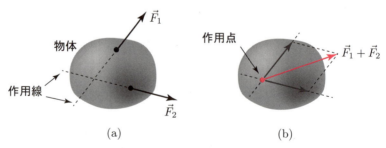

図 2.4：力の合成

▶▶ 分力

物体にはたらいている 1 つの力を，それと同等な 2 つの力で表すことを**力の分解**とよび，分解された力のことを**分力**とよぶ．たいていの場合は図 2.5 のように，座標軸を設定してその軸方向へ分解することが多い．このとき，$\vec{F}$〔N〕の力を x 軸と y 軸に方向へ分解した分力 $\vec{F}_x$〔N〕と $\vec{F}_y$〔N〕の大きさ F_x と F_y のことを力の x 成分および y 成分とよぶ．

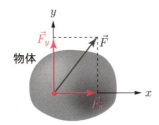

図 2.5: 力の分解

しかし，分解する方向は任意であるので，必ずしも直交する方向へ分解するとは限らない．その場合には，各成分を求めるのに垂線を下せばよいわけではないので注意が必要である．

例題 6

図のように，物体に力 $\vec{F}$ [N] が鉛直上方にはたらいている．この力を水平と 45° および 60° をなす直線 ℓ_1 と ℓ_2 の方向へ分解したとき，それぞれの方向成分の大きさはいくらか．

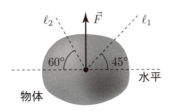

解説 分解する方向が互いに直交していないので，垂線の足が分力 $\vec{F}_1$ [N] と $\vec{F}_2$ [N] の終点とはならず，下図のようになることに注意が必要である．

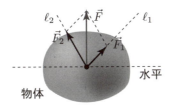

力の分解は，逆に分力からみれば合成となる．この場合，$\vec{F}_1 + \vec{F}_2 = \vec{F}$ となることに着目し，水平と垂直に分けた成分表示をすると，

$$\vec{F} = (\,0,\,F\,)$$

および

$$\vec{F}_1 = (\,F_1 \cos 45°,\,F_1 \sin 45°\,), \quad \vec{F}_2 = (\,-F_2 \cos 60°,\,F_2 \sin 60°\,)$$

なので，次式が成り立たねばならない．

$$\frac{F_1}{\sqrt{2}} - \frac{F_2}{2} = 0, \quad \frac{F_1}{\sqrt{2}} + \frac{\sqrt{3}F_2}{2} = F$$

これを解くと
$$F_1 = \frac{\sqrt{2}F}{1+\sqrt{3}}, \quad F_2 = \frac{2F}{1+\sqrt{3}}$$
となる．

Q1 物体にはたらいている 2 つの力 $\vec{F_1}$ [N] と $\vec{F_2}$ [N] を x-y 座標で成分表示したところ，つぎのようになった．このとき，合力の大きさはいくらか．ただし，座標の数値の単位は [N] である．
$$\vec{F_1} = (2, -1), \quad \vec{F_2} = (1, 3)$$

Q2 x-y 座標上にあり，x 軸と 30 度をなす向きで大きさ 3 N の力の各座標成分はいくらか．

2.3 いろいろな力

よく目にするいくつかの力について，何が何に及ぼす力なのかに着目し，作用点の位置や力の向きなどをまとめておく．

▶▶ 重力

図 2.6 のように，地球上にあるあらゆる物体にはたらく鉛直下向きの力を**重力**とよぶ．重力は地球が物体に及ぼす力である．

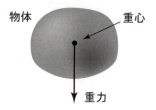

図 2.6：重力の大きさと作用点

特に，重力の大きさは**重さ**とよばれ，作用点は**重心**とよばれる．

また，重さは力の大きさなので，単位は [N] であり，キログラム [kg] で測る**質量**とは区別される．しかし，重さ W [N] と質量 m [kg] の間には比例関係があり，その比例定数は**重力加速度の大きさ**とよばれ，$9.8\,\mathrm{m/s^2}$ である．つまり，重力加速度の大きさを $g\,[\mathrm{m/s^2}]$ とおくと，
$$W = mg \tag{2.1}$$
と表される．

（物体が一様である場合，重心は物体の中央付近に存在する．）

（（重力）加速度と（重）力がベクトル量であり，質量はスカラー量である．）

Q3 質量 10 kg の物体の重さはいくらか．

Q4 重さ 2.0×10^2 N の物体の質量はいくらか．

▶▶ 垂直抗力

図 2.7(a) のように，物体を水平面に置くと，水平面は物体を支えるような力を及ぼしている．この力は，面に垂直な向きに作用し，**垂直抗力**とよばれる．したがって，水平面では垂直抗力は鉛直上向きとなるが，図 2.7(b)

のような斜面の場合，垂直抗力は斜面に垂直となるため，必ずしも鉛直上向きとはならない．

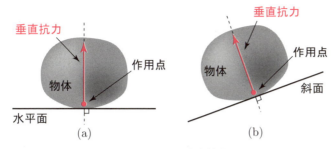

図 2.7: 面と垂直抗力

垂直抗力は，面が物体に及ぼす力であり，作用点は面と接している物体内にある．

▶▶ 張力

図 2.8 のように，物体にひもをつけてつり下げたとき，ひもは伸びまいとして物体に対して力を及ぼしている．この力のことをひもの**張力**とよぶ．

> ひもや糸といったものは，太さがなく伸び縮みがない理想的な物体としてあつかう．

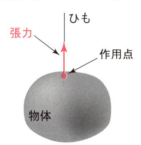

図 2.8: ひもの張力

張力は，ひもが物体に及ぼす力であり，作用点はひもと接している物体内にある．

▶▶ 静止摩擦力

図 2.9 のように，あらい水平面に置いた物体に水平に力を加えたとき，力の大きさが小さいと物体は静止したままである．このとき，あらい面が物体に対して動かすまいと力を及ぼしている．この力のことを**摩擦力**とよび，物体が静止したままの場合は**静止摩擦力**とよぶ．

> 面が「あらい」とは，「摩擦がある」ということを表しており，摩擦がない場合には「なめらか」と表現する．

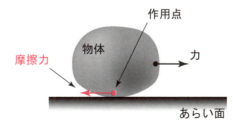

図 2.9: 摩擦力

静止摩擦力は，あらい面が物体に及ぼす力であり，作用点は面と接してい

る物体内にある．

物体を引く力を大きくすると，やがて物体は動き出す．物体が動き出す直前に作用していた静止摩擦力のことを**最大静止摩擦力**とよぶ．

物体が静止したままどこまで耐えられるかは，物体と面とを密着させている力の大きさに依存する．図 2.10 のように，物体と面とを互いに押し付けているのは面に対して垂直な力であり，垂直抗力のことである．

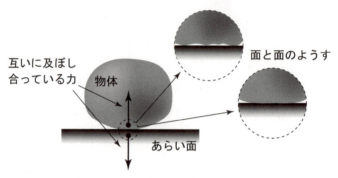

図 2.10: 物体と面との関係

したがって，最大静止摩擦力の大きさ F〔N〕は，垂直抗力の大きさ N〔N〕に比例するので，比例定数を μ とおくと，

$$F = \mu N \tag{2.2}$$

> 静止摩擦力が定式化できるのは，最大静止摩擦力のときだけであり，それ以外はつり合いの関係などを通して決まる 2 次的な量である．

と表される．ここで μ は**静止摩擦係数**とよばれ，面と面が凸凹しているかや，液体などが入り込んで密着を阻んでいるかによって決まる定数である．式 (2.2) より，最大静止摩擦力の大きさは物体と面との接触面積にはよらないことがわかる．

▶**Q5** あらい水平面に置かれた物体 A に水平に力を少しずつ加えたとき，ちょうど 60 N になったときに A は動き出した．A と水平面との間の静止摩擦係数を 0.30 とすると，A に加わる垂直抗力の大きさはいくらか．

▶▶ **動摩擦力**

あらい水平面を運動している物体には，その運動を妨げるように力がはたらき，やがて静止する．このとき物体に作用している摩擦力は**動摩擦力**とよばれる．動摩擦力の大きさ F は運動する物体の速さにはよらず，垂直抗力の大きさ N に比例し，

$$F = \mu' N \tag{2.3}$$

と表される．ただし，比例定数 μ' は**動摩擦係数**とよばれ，一般的には静止摩擦係数より小さい．

> 物体を動かすために加える力の大きさと，動き出した物体を動かし続けるのに加える力の大きさを比較すれば，感覚的に理解できる．

動摩擦力は，面と物体がすべっている状態ではたらく力であるが，このほかにタイヤが転がるような場合の転がり摩擦といったものも存在する．これは物体に力がはたらくというよりは，転がる際の物体の変形を通してエネルギーを失い，やがて静止するというものである．

- **Q6** あらい水平面上をすべっている物体 A にはたらく垂直抗力の大きさが 25 N で，A と水平面との間の動摩擦係数が 0.20 であった．このとき，A にはたらいている動摩擦力の大きさはいくらか．

▶▶ 弾性力

図 2.11 のように，一端を固定した軽いばねの他端に物体をつけて，外から力を加えて縮めたり伸ばしたりすることを考える．

「軽い」とは，質量を無視するというおまじないである．

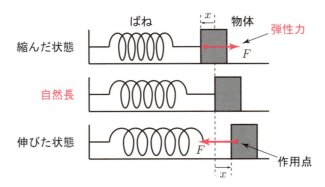

図 2.11: 弾性力

ばねが伸びも縮みもしていない状態を**自然長**といい，縮めれば伸びようとして物体を押し，伸ばせば縮もうとして物体を引くような力がはたらくことになる．このように，ばねが伸びようとして，あるいは縮もうとして物体に及ぼす力のことを**弾性力**とよぶ．外からばねを伸ばそうとする力や縮めようとする力ではないので，注意が必要である．したがって，弾性力の作用点はばねと接する物体内にある．

ばねの自然長からの変化量 x [m] と弾性力の大きさ F [N] には比例関係があり，これを**フックの法則**とよぶ．比例定数を k [N/m] とおけば，

Robert Hooke (1635–1703)

$$F = kx \tag{2.4}$$

と表される．k はばねの変化のしにくさを表す量で，**ばね定数**とよばれる．

ばねの自然長からの変化を向きづけをしてベクトル量 $\vec{x}$ とすれば，力 $\vec{F}$ を用いて，フックの法則はつぎのように表される．

$$\vec{F} = -k\vec{x} \tag{2.5}$$

- **Q7** ばね定数が，ばねの変化のしにくさであることを確認せよ．
- **Q8** ばね定数 4.0 N/m のばねが 15 cm だけ伸びたとき，ばねが及ぼす弾性力の大きさはいくらか．

▶ 2.4 作用と反作用

図 2.12 のように，大きな物体に力を加えて押す場合を考える．このとき，自分が押していることを実感できるのは，物体も自分と同じように押し返しているからであり，その押し返された力を感じているためである．

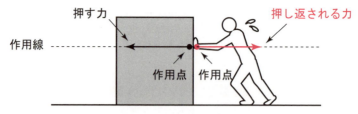

図 2.12: 作用と反作用

どちらを作用とよび，どちらを反作用とよぶかは，どちら側から見るかの違いだけで，どちらでもよい．

このとき，押している力を**作用**とよび，押し返している力を**反作用**とよぶ．何かに力を加えたときに，確かに力を加えたということがわかるのは，この作用と反作用の関係があるからである．特に，作用と反作用は同じ作用線上にあり，互いに反対方向を向いた同じ大きさの力のペアである．これを**作用反作用の法則**とよぶ．

図 2.12 からわかるように，作用の作用点は物体側で反作用の作用点は人側にあり，別々の物体内にある．

▶ 2.5 万有引力

Sir Isaac Newton
(1642–1727)

図 2.13 のように，あらゆる 2 つの物体の間には，互いの質量 m_1 [kg] と m_2 [kg] に比例し，物体間の距離 r [m] の 2 乗に反比例する大きさ F [N] の引力がはたらくことを**ニュートン**が定式化し，この力を**万有引力**とよんだ．ただし，物体間の距離とは，互いの重心間の距離のことをさす．また，物体 1 が物体 2 に及ぼす力と物体 2 が物体 1 に及ぼす力は作用と反作用の関係にあり，同じ作用線上で互いに反対方向を向いた同じ大きさの力である．

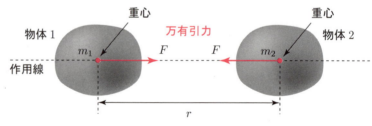

図 2.13: 万有引力

このとき，比例定数を G [N·m²/kg²] とおくと，つぎのように表される．

$$F = G \cdot \frac{m_1 m_2}{r^2} \tag{2.6}$$

ここで，G は**万有引力定数**とよばれ，

$$G = 6.67 \times 10^{-11}\,\text{N·m}^2/\text{kg}^2 \tag{2.7}$$

である．式 (2.6) で表される関係を**万有引力の法則**という．

Q9 体重 50 kg の A さんと体重 60 kg の B さんが距離 60 cm を隔てて座っているとき，お互いに及ぼしている万有引力の大きさはいくらか．

Q10 地球と太陽の間の万有引力の大きさはいくらか．ただし，地球の質量と太陽の質量を 5.97×10^{24} kg および 1.99×10^{30} kg とし，地球と太陽の間の距離を 1.50×10^{8} km とする．

▶▶ 重力加速度

図 2.14 のように，地球を半径 R [m] で質量 M [kg] の球体であるとすると，地球表面上にある質量 m [kg] の物体には，地球との間に大きさ $G \cdot \dfrac{mM}{R^2}$ [N] の万有引力がはたらいており，物体はこれを重力として感じている．

> 物体の大きさは地球に比べて無視できるほど小さい．

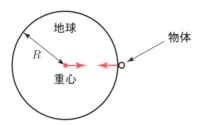

図 2.14: 地表面での万有引力

重力は式 (2.1) のように表されるので，次式が成り立つ．

$$mg = G \cdot \frac{mM}{R^2} \tag{2.8}$$

これより，地球表面での重力加速度の大きさは，つぎのように表される．

$$g = \frac{GM}{R^2} \tag{2.9}$$

Q11 地球を密度 ρ [kg/m^3] で半径 R [m] の球体だとすると，式 (2.9) はどのように表されるか．

▶ 2.6 力のつり合い

物体に 2 つ以上の力が作用しているとき，それらの合力が 0 となる場合，力がつり合っているという．このとき，力のつり合いと作用反作用の関係を明確に区別することが重要である．

> 合力が 0 とは，力が作用していないのと同じ状態であることを意味する．

▶▶ 垂直抗力の場合

図 2.15(a) のように，水平面に物体を置くと，物体は自分の重さによって水平面に対して下向きに力を加える．その反作用として上向きの垂直抗力が水平面より物体に加えられる．この場合，力の作用点の位置は，水平面と物体にあり，作用と反作用の関係である．

図 2.15(b) では，物体に作用する重力と垂直抗力を表しており，作用点はともに物体にある．このとき，これら 2 つの力の合力は 0 となり，つり合いの関係にある．

> 図 2.15(b) では，矢印同士が重ならないようにずらしてあるが，本来は同じ作用線上にある．

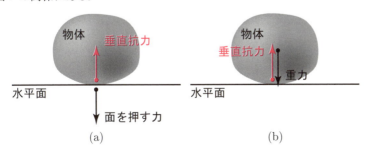

図 2.15: 重力と垂直抗力と面を押す力の関係

▶▶ 張力の場合

図 2.16(a) のように，物体を軽いひもでつり下げると，物体は自分の重さによってひもに対して下向きに力を加える．その反作用として上向きの張力がひもより物体に加えられる．この場合，力の作用点の位置は，ひもと物体にあり，作用と反作用の関係である．

図 2.16(b) では，物体に作用する重力と張力を表しており，作用点はともに物体にある．このとき，これら 2 つの力の合力は 0 となり，つり合いの関係にある．

> 図 2.16(b) では，矢印同士が重ならないようにずらしてあるが，本来は同じ作用線上にある．

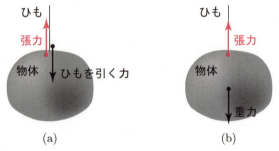

図 2.16：重力と張力とひもを引く力の関係

Q12 図のように，物体 A を物体 B に乗せて，B を A とともに水平面に置いた．このとき，a から f までの作用点から 2 つを選び，その作用点に作用する力のペアを，力のつり合いの関係と作用反作用の関係に分類せよ．ただし，白抜きの a と b はそれぞれ A と B の重心を表している．

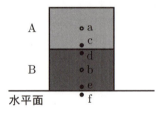

▶ 2.7 力のつり合いのまとめ

力の矢印を正しく物体に描くことができるかで，力のつり合いや，あとで扱う力のモーメントのつり合い，運動方程式などをスムーズに理解できるかが変わる．そこで，一連の手順についてまとめておくが，重要なのは作用点の**場所**と矢印の**向き**の 2 点だけである．

▶▶ 作用点を描く

作用点を描くポイントは，つぎの 2 つのみである．

1) 重心（重力の作用点）を描く
2) 物体がほかの何かと接していれば，その境界に 2 つ描く

▶▶ 矢印を描く

作用している力が，何が何に及ぼしているかを注意して，向きを決める．もちろん，「何に」とは作用点がある物体であることを忘れてはならない．

矢印まで正しく描けたら，考えている物体内に作用点のある力のみ着目し，力のつり合いの式を立てる．このとき，つぎの3つの力については，2次的に求まるものなので機械的に文字をおけばよい．

1) 垂直抗力 N **N**ormal force
2) 張力 T **T**ension
3) 摩擦力 f **F**rictional force

例題 7

図のように，重さ W [N] の物体 A に軽いひもをつけて天井からつり下げた．このとき，ひもの張力の大きさはいくらか．

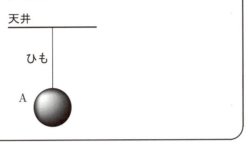

解説 図のように，重心および境界（天井とひも，ひもと A）に作用点を上から順に a から e まで描き，何が何に力を及ぼしているかに注意しながら矢印の向きを決める．

ひもは軽いので，重心は必要ない．

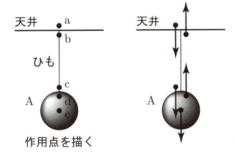
作用点を描く

ここで，a と b および c と d は境界をはさんだ力のペアであり，作用反作用の関係がある．したがって，同じ大きさの力であることがわかり，重力を W，張力を T_1 と T_2 とおけば，つぎのようになる．

   a： ひもが天井を引く張力 T_1
   b： 天井がひもを引く力 T_1
   c： A がひもを引く力 T_2
   d： ひもが A を引く張力 T_2
   e： 重力（地球が A を引く力） W

ひもについてつり合いを考えると，ひもの中にある作用点は b と c なので，$T_1 = T_2$ であることがわかる．A についてつり合いを考える

26 第 2 章 力のつり合い

と，A の中にある作用点は d と e なので，$T_2 = W$ となり，

$$T_1 = T_2 = W$$

となる．これより，張力の大きさは W となる．

ひもやばねなどの両端に作用する力の大きさは等しくなる．

---例題 8---

図のように，水平と角度 θ〔度〕をなす斜面の上に，重さ W_A〔N〕と W_B〔N〕の物体 A と B を軽いひもでつないで静かに置いたところ，A と斜面との間の摩擦により A と B は静止したままであった．このとき，A と B に作用しているすべての力の大きさを求めよ．

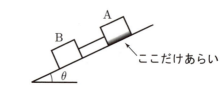

解説　A と B のそれぞれの重心にも作用点を描き，A とひも，B とひも，A と斜面，B と斜面のそれぞれ境界に作用点を描くと，下図のようになる．

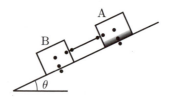

A と B それぞれに作用している垂直抗力の大きさを N_A〔N〕および N_B〔N〕，AB 間のひもの張力の大きさを T〔N〕，A に作用している静止摩擦力の大きさを f〔N〕とおいて，作用点が A および B の中にあるものだけを考え，それぞれ別々に図示すると下図のようになる．

A に作用するひもの張力と B に作用するひもの張力の大きさは等しい．

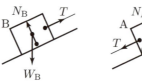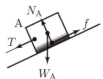

また，A と B にはたらいている重力を斜面方向と斜面と垂直方向に分解すると，下図のようになる．

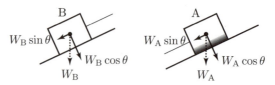

ここで，A と B に対する斜面に平行および垂直な向きのつり合いの関係式（合力が 0）を書くと，つぎのようになる．

A（平行）： $f - T - W_A \sin\theta = 0$
A（垂直）： $N_A - W_A \cos\theta = 0$
B（平行）： $T - W_B \sin\theta = 0$
B（垂直）： $N_B - W_B \cos\theta = 0$

これらより，それぞれの垂直抗力，張力，摩擦力の大きさが求まり，

$$N_A = W_A \cos\theta$$
$$N_B = W_B \cos\theta$$
$$T = W_B \sin\theta$$
$$f = (W_A + W_B)\sin\theta$$

となる． ∎

章末問題

問1 x-y 座標において，2つの力 $\vec{F_1}$〔N〕と $\vec{F_2}$〔N〕を成分表示すると，つぎのようになった．このとき，合力 $\vec{F_1} + \vec{F_2}$ の大きさはいくらか．

$$\vec{F_1} = (3, 2), \quad \vec{F_2} = (-1, 4)$$

問2 xyz 座標において，2つの力 $\vec{F_1}$〔N〕と $\vec{F_2}$〔N〕を成分表示すると，つぎのようになった．このとき，$2\vec{F_1} - \vec{F_2}$ の大きさはいくらか．

$$\vec{F_1} = (-1, 2, 0), \quad \vec{F_2} = (2, 3, -1)$$

問3 図のように，水平と 30° をなす斜面上に重さ W〔N〕の物体 A がある．このとき，A の重さの斜面に垂直な成分と平行な成分の大きさはそれぞれいくらか．

問4 地球，月の質量をそれぞれ 5.97×10^{24} kg，7.35×10^{22} kg とし，地球と月の間の距離を 3.84×10^5 km とする．また，万有引力定数を 6.67×10^{-11} N·m²/kg² とする．
(a) 地球と月との間の万有引力の大きさはいくらか．
(b) 月の半径を 1.74×10^3 km とすると，月表面における重力加速度の大きさはいくらか．

問 5 図のように，重さ 20 N の物体に軽いひもをつけ，そのひもに 2 本の軽いひもをつなげて天井からつり下げたところ，点 A と点 B で，それぞれ天井とひものなす角が 60° および 30° となった．このとき，点 A と点 B に作用しているひもの張力の大きさはいくらか．

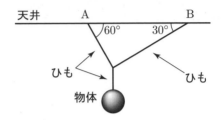

問 6 図のように，水平と 30° をなすあらい斜面上に質量 10 kg の物体 A を載せたところ，静止したままであった．このとき，A が斜面に及ぼす力の大きさ，A に作用する垂直抗力の大きさ，A に作用する摩擦力の大きさはいくらか．ただし，重力加速度の大きさを $9.8\,\mathrm{m/s^2}$ とする．

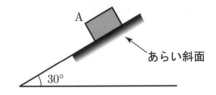

問 7 図のように，重さ W_A [N] の物体 A と重さ W_B [N] の物体 B を軽いひもでつなぎ，A にはさらに軽いひもをつけて A と B をつり下げて静止させた．このとき，AB 間のひもの張力の大きさと A をつり下げているひもの張力の大きさはいくらか．

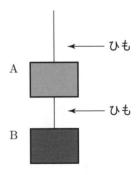

問 8 あらい水平面に重さ 2.0×10^2 N の物体 A を置き，水平に大きさ 60 N の力で引いたところ，A は静止したままであった．
  (a) A が水平面から受ける力の大きさはいくらか．
  (b) A を引く力を少しずつ大きくしたとき，A が水平面をすべりだす直前の力の大きさはいくらか．ただし，A と水平面との間の静止摩擦係数を 0.4 とする．

問 9 図のように，水平との角度を変えられるあらい板の上に重さ W [N] の小物体 A を静かに置いたところ，A は静止したままであった．板が水平から角度 θ [度] であるとき，A に作用している静止摩擦力はいくらか．さらに角度を大きくしたところ，A は板の上をすべり始めた．A がすべり始める直前の板の角度はいくらか．ただし，板と A との間の静止摩擦係数を μ とする．

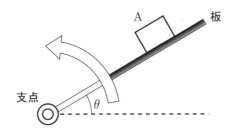

問 10 図のように，ばね定数 k [N/m] の軽いばねに重さ W [N] のおもりをつけてつり下げた．(a) から (c) のようにおもりをつり下げたとき，ばねの伸びはそれぞれいくらか．

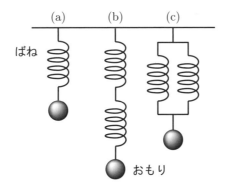

問 11 図のように，なめらかな水平面上で，ばね定数 k [N/m] の軽いばね 2 つの間に小球 A をつなげ，それぞれのばねの他端を固定したところ，ばねはともに自然長であった．このとき，A を水平方向に L [m] だけ動かしたとき，2 つのばねが A に対して及ぼす力の合力の大きさはいくらか．

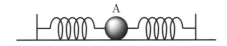

第3章 大きさのある物体

この章の到達目標

☞ 力のモーメントと回転の関係を理解する
☞ 気圧や水圧などの圧力を理解する
☞ 浮力について理解する

物体には「大きさ」があるので，力の作用点が物体のどの位置にあるかで，物体に対する影響が異なることがある．本章では，物体に大きさがあることで生じる回転という現象について，どういった条件で回転が生じるのかといったことを，力のモーメントという概念を通して学習する．また，液体や気体のように，大きさはあるが形が定まらないものについても扱い，圧力の意味や，液体中で物体に作用する浮力について学習する．

▶ 3.1 剛体

> どんなに硬いように見えても，ミクロレベルでは変形している．

図 3.1 のように，物体に力を加えると，物体は変形する．これによって変形前と変形後では，重心の位置が移動することになる．つまり，物体に対する重力の影響は異なったものとなるので，力を加えても変形しない理想的な物体を考える．このような物体を**剛体**とよぶ．剛体は変形しないので，重心の位置は変わらない．

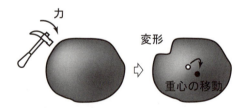

図 3.1：力を加えると物体は変形する

▶ 3.2 力のモーメント

図 3.2 のように，剛体に力を加えたとき，作用線が重心を通る場合と通らない場合がある．

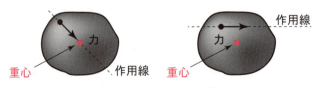

図 3.2：重心と作用線

物体に加えた力の作用線が重心を通る場合，力の作用点を重心の位置へ移動しても，物体に対する力の影響は変わらない．この場合，物体には大きさがあるにもかかわらず，重心のみで力の影響を考えることができ，理想的には物体を点としてみなすことができる．このように，重心のみからなる物体のことを**質点**とよぶ．

> 物体を点としてみなすことができる場合，**小**物体や**小**球などと，「小」をつけて表現する．

▶▶ 力のモーメント 1

力の作用線が重心を通らない場合，物体を質点と見なすことができない．つまり，点では考えることのできない「回転」という現象が引き起こされる．このとき重要な点は，作用線が重心からずれていることなので，作用線と重心の距離を考えてみる．

図 3.3 のように，重心から $\vec{r}$ [m] だけ離れた作用点に力 $\vec{F}$ [N] が作用しているとき，$\vec{r}$ と $\vec{F}$ のなす角を θ [度] とすると，作用線と重心との距離は $r\sin\theta$ となる．

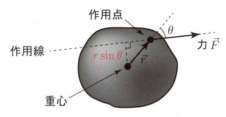

図 3.3： 重心と作用線のずれ

物体を回転させるには力 $\vec{F}$ と距離 $r\sin\theta$ の 2 つの量がともに必要なので，回転を引き起こす能力として，つぎのような量 N [N·m] を考える．

$$N = Fr\sin\theta \tag{3.1}$$

これを**力のモーメント**とよぶ．力のモーメントは，$\vec{F}$ が物体をどれくらい回転させる能力があるかを表す量である．式 (3.1) はまた，ベクトル積を用いて，つぎのように表すこともができる．

$$\vec{N} = \vec{r} \times \vec{F} \tag{3.2}$$

> $\vec{N}$ は $\vec{r}$ から $\vec{F}$ の向きに右ねじを回したときに，ねじの進む方向を向いており，物体の回転軸の方向を表している．

▶▶ 力のモーメント 2

図 3.3 と式 (3.1) については，図 3.4 のように，力 $\vec{F}$ を分解することで，別の見方をすることもできる．

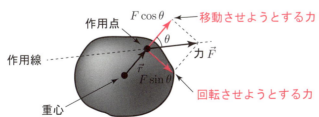

図 3.4： 移動と回転

$\vec{r}$ と同じ方向を向いた大きさ $F\cos\theta$ の力は，作用線が重心を通ることになるので，重心に作用し物体を移動させるはたらきをする．これに対して，$\vec{r}$ と直交する向きの大きさ $F\sin\theta$ の力は，重心に対して物体を回転させようとしているので，これが力のモーメントに寄与し，式 (3.1) のように表される．

▶▶ 力のモーメントの符号

力を 3 次元的に扱う場合には，式 (3.2) のように，力のモーメントをベクトル量として扱い，その向きが回転軸となる．しかし，実際には物体に作用する力を 2 次元的にとらえることが多い．図 3.5 のように，角度 θ 〔度〕は $0 \leq \theta \leq 180$ とし，$\vec{r}$ から $\vec{F}$ の方向へ測るものと定義する．つまり，$\theta > 180$ となる場合には測る向きを逆転させるものとすれば，作用する力で物体が時計回りになる場合では角度は負の値，反時計回りでは正の値となる．したがって，式 (3.1) で $\sin\theta$ から符号が決まり，時計回りの力のモーメントは負で反時計回りでは正の値と決まる．

> 角度の正負の向きは，極座標で角度を測るときと同じである．

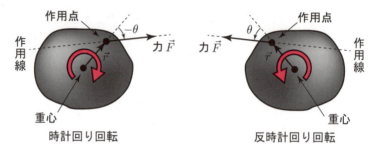

図 3.5： 回転方向と符号

Q1 図のように，物体に点 a から点 b まで力が作用しているとき，重心の周りの力のモーメントが正のものと負のものを分別せよ．

Q2 長さ 40 cm の一様な棒の一端に 20 N の力を棒に対して直交する向きに加えたとき，この力の棒の重心に対する力のモーメントの大きさはいくらか．

▶ 3.3 力のモーメントのつり合い

物体に作用する力の作用線が重心を通らなければ，力のモーメントが 0 とはならず，物体は回転する．いくつかの力が作用している場合，それぞれの力のモーメントのベクトル和が 0 でない，あるいは 2 次元的に正負を考慮した合計が 0 でないとき，物体は回転する．逆に，物体を回転させる能力である力のモーメントの合計が 0 であるとき，物体は回転せず，**力のモーメントがつり合っている**という．

これまで，重心から力の作用点までの距離 r 〔m〕と力の大きさ F 〔N〕を用いて，重心の周りで力のモーメント N 〔N·m〕を考えてきたが，実は重心

以外のどの点の周りで考えてもよいことがわかっている．特に，力のモーメントがつり合う場合など，どの点を回転中心だと思っても回転しないので関係がない．

例題 9

図のように，重さ W 〔N〕で一様な棒の重心 G に軽いひもをつけつり下げると同時に，点 G から距離 a 〔m〕と $2a$ 〔m〕の点 P と点 Q に，それぞれ軽いひもで重さ $2w$ 〔N〕と w 〔N〕のおもりをつり下げたところ，棒は静止したままであった．このとき，点 G の周りの力のモーメントと点 Q の周りの力のモーメントはいくらか．

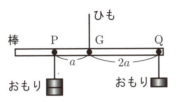

解説 まず，棒にはたらく力を考えると，点 P と点 Q では下向きにおもりがひもを通して引く力 $2w$ と w，点 G には下向きに棒の重さ W と上向きにひもの張力がある．張力の大きさを T 〔N〕とおいて，力のつり合いの式（合力が 0）を立てると，上向きを正として

$$T - W - w - 2w = 0 \tag{3.3}$$

となるので，$T = W + 3w$ と求まる．

点 G での力のモーメントでは，点 G に作用している 2 つの力は，点 G からの距離が 0 であるのでモーメントの大きさは 0 である．点 P と点 Q に作用している力によるモーメントは，図のように求める．

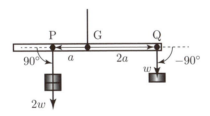

点 P および点 Q に作用する力のモーメントは，有向線分 $\overrightarrow{GP}$ と下向きの重さ $2w$ のなす角が $90°$，および有向線分 $\overrightarrow{GQ}$ と下向きの重さ w のなす角が $-90°$ なので，式 (3.1) より

点 P：$2w \times a \times \sin 90° = 2aw$
点 Q：$w \times 2a \times \sin(-90°) = -2aw$

となる．したがって，すべての力のモーメントの合計は 0 となる．

つぎに，点 Q での力のモーメントを考えると，点 Q に作用している重さ w 点 Q との距離が 0 なので，モーメントには寄与しない．よっ

て，考えるべき力は，図のように点 G に作用している 2 つの力と点 P に作用している力の 3 つとなる．

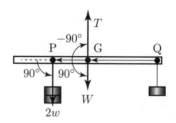

点 G に作用している力のモーメントは，有向線分 $\overrightarrow{QG}$ と下向きの重さ W のなす角が $90°$，および有向線分 $\overrightarrow{QG}$ と上向きの張力 T のなす角が $-90°$ なので，式 (3.3) を代入し

張力の寄与： $(W + 3w) \times 2a \times \sin(-90°) = -2aW - 6aw$

棒の重さの寄与：$W \times 2a \times \sin 90° = 2aW$

となり，点 P に作用している重さによる力のモーメントは有向線分 $\overrightarrow{QP}$ と下向きの重さ $2w$ のなす角が $90°$ なので

$$2w \times 3a \times \sin 90° = 6aw$$

となる．これらより，すべての力のモーメントの合計は 0 となる．

したがって，力のモーメントの合計が 0 となる場合，どの点でモーメントの大きさを評価しても変わらない．

Q3 図のように，重さ W [N] の一様な棒があり，一端の点 P から棒の 4 分の 1 の長さだけ離れた点 Q に軽いひもをつけてつり下げ，棒の重心 G と他端の点 R に，1 つが w [N] のおもりを 2 つと 3 つをそれぞれ軽いひもでつり下げた．このとき，棒が回転せずに水平を保つためには，点 P につり下げるべきおもりの重さはいくらか．

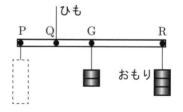

Q4 図のように，水平なあらい床の上に，一端にひもをつけた重さ W [N] の一様な棒を置き，ひもを水平と角度 ϕ [度] の方向へ引いたところ，棒と床のなす角が θ [度] となって棒は静止した．このとき，棒に作用しているひもの張力の大きさ，床からの垂直抗力の大きさ，摩擦力の大きさは，それぞれいくらか．

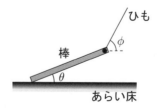

▶Q5 図のように，水平なあらい床と鉛直でなめらかな壁に，一様で重さ W [N] の棒を立てかけたところ，床と棒のなす角が θ [度] となってすべらずに静止した．このとき，棒が壁と床から受ける垂直抗力の大きさと床から受ける摩擦力の大きさはいくらか．

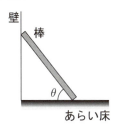

3.4 重心

これまで，物体の重心は，暗黙のうちに物体のほぼ中央にあるとしてきた．しかし，一様な物体でない場合，重心の位置は物体のどこにあるかはあらかじめわからない．ここでは，簡単な例を用いて，物体の重心をどのように求めるのかについて考えてみよう．

▶▶ 2 つの小物体の重心

図 3.6(a) のように，軽い棒の両端に重さ w_1 [N] と w_2 [N] の小物体 A と B をつける．AB 間のある点 G にひもをつけて棒をつり下げたとき，棒が水平になって静止したとする．このとき，A と B に作用している 2 つの力と点 G に作用する 1 つがつり合うことを意味するので，点 G は 2 つの小物体に対する重力の作用点であり，重心と考えられる．

棒は軽いので重さは考えない．

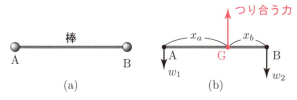

図 3.6: 2 つの小物体の重心

点 G でつり合う力の大きさは $w_1 + w_2$ であり，点 G の周りで力のモーメントのつり合いを考えると，GA 間と GB 間の距離を x_a [m] と x_b [m] とおいて，次式が成り立たねばならない．

長さの比が，重さの逆比になっている．

$$w_1 x_a = w_2 x_b \tag{3.4}$$

図 3.7 のように，棒と平行に x 軸をとり，A，B，G の座標を x_a, x_b, x_G とおく．

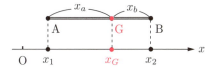

図 3.7: 重心の座標

式 (3.4) を座標値を用いて書き直すと，

$$w_1(x_G - x_1) = w_2(x_2 - x_G) \tag{3.5}$$

となり，x_G について解きなおすと，つぎのように表される．

$$x_G = \frac{w_1 x_1 + w_2 x_2}{w_1 + w_2} \tag{3.6}$$

これが，2 つの小物体の重心の位置座標である．

図 3.8 のように，小物体 A と B を 2 次元や 3 次元の座標上に配置すると，式 (3.6) は容易に拡張され，

$$x_G = \frac{w_1 x_1 + w_2 x_2}{w_1 + w_2}, \quad y_G = \frac{w_1 y_1 + w_2 y_2}{w_1 + w_2}, \quad z_G = \frac{w_1 z_1 + w_2 z_2}{w_1 + w_2} \tag{3.7}$$

となる．

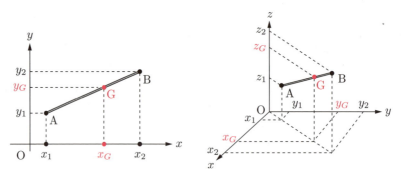

図 3.8：2 次元と 3 次元での重心の座標

Q6 x-y 座標の 2 つの点 A$(2, 3)$ と B$(1, 0)$ に重さ 2 kg と 3 kg の小物体があるとき，この 2 つの小物体の重心座標はいくらか．

▶▶ 3 つの小物体の重心

小物体が多数ある場合でも，任意の 2 つの重心の位置を求めれば，その位置に 2 つの小物体の重さをもつ 1 つの小物体があるみなすことができるので，これをすべての小物体について順番に行えば，いくつ小物体があったとしてもただ 1 つの重心を定めることができる．

図 3.9 のように，直線上に重さ w_1〔N〕，w_2〔N〕，w_3〔N〕の小物体 A と B と C があり，その x 軸上の座標を x_1, x_2, x_3 だとする．

> もはや棒につながるという描像は必要ない．

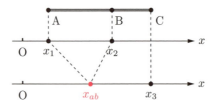

図 3.9：3 つの小物体の重心

まず，AとBの重心座標 x_{ab} を求めると

$$x_{ab} = \frac{w_1 x_1 + w_2 x_2}{w_1 + w_2} \tag{3.8}$$

となり，x_{ab} に重さ $w_1 + w_2$ の1つの小物体があるものとみなせる．これとCとの間で重心座標 x_G を求めると，

$$x_G = \frac{(w_1 + w_2)x_{ab} + w_3 x_3}{(w_1 + w_2) + w_3} = \frac{w_1 x_1 + w_2 x_2 + w_3 x_3}{w_1 + w_2 + w_3} \tag{3.9}$$

となる．

▶▶ 物体の重心

式 (3.9) より，一般に，N 個の小物体の重心座標は，次式で与えられる．

$$x_G = \frac{w_1 x_1 + w_2 x_2 + \cdots + w_N x_N}{w_1 + w_2 + \cdots + w_N} = \frac{\sum_{i=1}^{N} w_i x_i}{\sum_{i=1}^{N} w_i} \tag{3.10}$$

$\sum_{i=1}^{N}$ は i を1からNまで変化させて和を求めなさいという記号である．

y_G と z_G についても，同様である．

したがって，大きさのある物体を細かく分割し，小物体の集合体であると考え，その i 番目の重さを w_i [N] だとすれば，式 (3.10) を利用することで，その物体の重心座標を求めることができる．

実際には，離散的な和が連続的な積分に置き換わる．

重心の位置は，物体の形状が正しくわかっているときには計算で正確に求めることができるが，そうでない場合，おおよその位置は図 3.10 のようにして求めることができる．

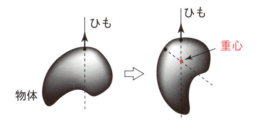

図 3.10：重心の位置

物体にひもをつけてつり下げて静止させたとき，ひもの張力の作用線上に重心の位置があるはずである．したがって，2か所の点で物体をつり下げ張力の作用線を引けば，交点が重心の位置であることがわかる．

▶ **Q7** 図 3.10 の方法を利用して，一様で対称な形状をした物体であれば，重心が物体の中心にくることを確認せよ．

物体の形状によっては，重心の位置が必ずしも物体内にあるとは限らない．

▶ 3.5 圧力

図 3.11 のように，やわらかい床面に物体を置くとき，物体の置き方によっては床面の沈み方が異なることがある．同じ物体であれば床面を押す力は等しいので，これは床面に接触している面積の違いであり，単位面積当たりにどれくらいの力で押しているかによって説明される．

図 3.11: 接触面積による違い

床面を押す力を F [N] とし，接触面積を S [m^2] とすれば，床面を単位面積あたりに押す力 P [N/m^2] は

$$P = \frac{F}{S} \tag{3.11}$$

と表される．これを圧力とよび，1 m^2 当たりに 1 N の力を及ぼすような圧力の単位〔N/m^2〕を改めて 1 Pa（パスカル）と定義する．

Q 8 面積 30 cm^2 の領域に大きさ 1.2×10^2 N の力が作用したとき，圧力の大きさはいくらか．

▶▶ 水圧

図 3.12 のように，水平な床に液体を入れた容器を置いたとき，容器の底面に及ぼされている圧力を考えてみる．

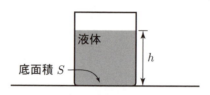

図 3.12: 液体による圧力

> ρ は密度を表すのによく利用されるギリシャ文字で「ロー」と読む．

このとき，底面が受けている力は容器に入っている液体の重さである．液体の密度を ρ [kg/m^3] とすると，容器の底面積 S [m^2]，液面までの高さ h [m] を用いて，液体の質量は $\rho S h$ [kg] と表される．したがって，液体の重さは重力加速度の大きさを g [m/s^2] として，$\rho S h g$ [N] となるので，圧力 P [Pa] は

$$P = \rho g h \tag{3.12}$$

> 水でなくても，液体の圧力のことを水圧とよぶこともある．

と表される．液体が水であるとき，これを水圧とよぶ．

式 (3.12) より，水圧は液面からの深さ h だけに依存するので，同じ深さであればどの面を押す圧力も等しい．つまり，図 3.13 のように，点 P と点 Q では押す力の向きは異なるが，圧力の大きさは等しい．

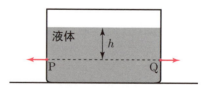

図 3.13: 圧力は深さだけで決まる

Q 9 水深 10 m での水圧はいくらか．ただし，水の密度は 1.0 g/cm^3 であり，重力加速度の大きさは 9.8 m/s^2 である．

- **Q10** 容器に水銀が入っており，底面から液面まで 40.0 cm であった．このとき，容器の底面に及ぼしている水銀の圧力はいくらか．ただし，水銀の密度は 13.6 g/cm³ であり，重力加速度の大きさは 9.81 m/s² である．

水銀は液体である．

- **Q11** 図のように，ふたの大きさだけが違う容積の等しい容器 A と B に，等しい体積の液体が入っている．このとき，液体がふたに及ぼす力の大きさはいくらか．ただし，液体の密度を ρ [kg/m³]，液面からふたまでの距離を h [m]，A と B のふたの面積を S [m²] および $4S$ [m²] とし，重力加速度の大きさは g [m/s²] とする．

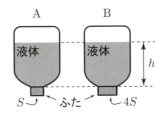

▶▶ パスカルの原理

図 3.14 のように，閉じ込められた液体に圧力を加えると，加えられた圧力が液体全体に等しく加わることが知られている．これを**パスカルの原理**とよぶ．

Blaise Pascal
(1623–1662)

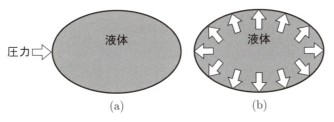

図 3.14：パスカルの原理

パスカルの原理の応用として，油圧ジャッキなどがあり，小さな力を大きな力へ変えることができる．図 3.15 のように，面積 S_1 [m²] と S_1 [m²] のピストン A と B がついた容器を液体で満たし，A に大きさ F_1 [N] の力を加える．

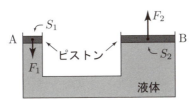

図 3.15：力の変換

このとき，A を通して液体に加わる圧力は $\dfrac{F_1}{S_1}$ [Pa] であり，パスカルの原理により，この圧力が液体全体に加わることになる．すると B が液体から受ける力の大きさ F_2 [N] は，

$$F_2 = \frac{F_1}{S_1} \times S_2 = \left(\frac{S_2}{S_1}\right) \cdot F_1 \tag{3.13}$$

となり，面積比によって力の大きさが変化することがわかる．

▶ **Q12** 図のように，面積が $2.0 \times 10^2\,\mathrm{cm}^2$ と $5.0 \times 10^2\,\mathrm{cm}^2$ のピストン A と B がついた容器を液体で満たし，A に重さ $200\,\mathrm{N}$ のおもりを載せたとき，ピストンの高さがつり合うためには，B に載せるおもりの重さはいくらか．

▶▶ 気圧

気体を容器に閉じ込めると，気体分子が容器の壁に衝突することで力を及ぼし，その結果容器は気体から圧力を感じる．気体分子はあらゆる方向へ飛び回っているので，任意の場所でも気体分子の衝突による圧力を及ぼし，圧力が生じる方向も液体と同じように特定の向きをもたない．特に，大気による圧力は**気圧**とよばれる．

液体についても，液体分子のランダムな運動による衝突で圧力が生じているので，圧力に特定の向きは存在しない．

図 3.16(a) のように，水銀の入った容器内に A のように開管を沈め，B のように立てると，水銀柱ができる．開管内では水銀の重みで水銀が下がり，管の上部は真空となる．

トリチェリの実験

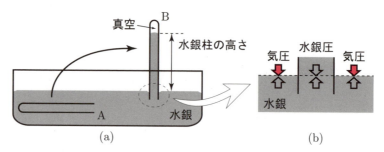

図 3.16：水銀柱と気圧

図 3.16(b) は，水銀柱と水銀の液面部分を拡大したもので，大気が押す力と水銀が押す力がつり合ったところで液面ができあがっているようすを表している．このとき，液面での開管内の水銀圧はちょうど気圧と等しいので，水銀柱の高さで気圧を測ることができる．水銀柱の高さで測った気圧は単位 [mmHg] で表し，水銀柱 $760\,\mathrm{mm}$ のときの気圧を 1 気圧と定義している．

― **例題 10** ―――――――――――――――――――――

1 気圧を [Pa] で表すといくらか．

解説 式 (3.12) に，水銀の密度 $13.595\,\mathrm{g/cm}^3$，水銀柱の高さ $760.0\,\mathrm{mm}$，重力加速度の大きさ $9.8067\,\mathrm{m/s}^2$ を代入すると

$$P = (13.595 \times 10^3) \times 9.8067 \times 0.7600 = 1.013 \times 10^5$$

1 hPa=100 Pa

となり，$1.013 \times 10^5\,\mathrm{Pa}$ となる．つまり，1 気圧は **1013 hPa** である．∎

- **Q13** 130 mmHg を [Pa] で表すといくらか．ただし，水銀の密度を 13.6 g/cm³ とし，重力加速度の大きさを 9.81 m/s² とする．

3.6 浮力

水の中に入ると，身体が軽くなるような感じがする．これは水が身体を浮かせようとする力を及ぼしているからであり，このような力を**浮力**とよぶ．

図 3.17(a) のように，物体（直方体を仮定）を水面下へ入れると，物体には周囲から水圧がかかる．水圧は水深に比例するので，物体の上面に作用する圧力より，下面から作用する圧力のほうが必ず大きくなる．側面に作用する圧力は互いに反対方向を向いているため，側面に生じる力は打ち消し合い，結果的に物体には上向きの力が生じることとなる．これが，浮力が生じる理由である．

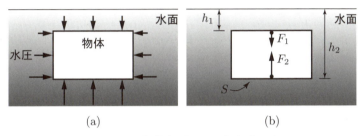

図 3.17：物体を浮かせようとする力

図 3.17(b) のように，上下面の面積を S [m²]，上面と下面の水深をそれぞれ h_1 [m] と h_2 [m] とする．水の密度を ρ [kg/m³] とすると，式 (3.11) と式 (3.12) より，上下面に作用している力の大きさ F_1 [N] と F_2 [N] は，つぎのようになる．

$$F_1 = \rho g h_1 S, \quad F_2 = \rho g h_2 S \tag{3.14}$$

したがって，物体に作用している浮力の大きさ F [N] は，

$$F = \rho g (h_2 - h_1) S \tag{3.15}$$

となる．ここで，$(h_2 - h_1)S$ [m³] は物体の体積なので，浮力の大きさは物体をすべて水で置き換えたときの水の重さに相当することがわかる．これを**アルキメデスの原理**という．

Archimedes (287 BC – 212 BC)

- **Q14** 図のように，密度 ρ [kg/m³] の液体に，体積 V [m³] の物体を入れたところ，液面から $\dfrac{V}{3}$ だけ出た状態で浮いていた．このとき，物体の重さはいくらか．ただし，重力加速度の大きさは g [m/s²] とする．

章末問題

問1 図のように，あらい水平な床と鉛直な壁に，長さ L [m] で重さ W [N] の一様な棒を立てかけたところ，水平と角度 θ [度] をなして静止した．このとき，棒と床との接点 A で棒に作用している垂直抗力と摩擦力の大きさをそれぞれ N_f [N] と F_f [N] とし，棒と壁との接点 B で棒に作用している垂直抗力と摩擦力の大きさを N_w [N] と F_w [N] とする．

(a) 点 A の周りでの力のモーメントの大きさはいくらか．

(b) 重心の周りでの力のモーメントの大きさはいくらか．

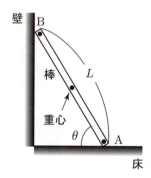

問2 図 (a) のように，ボルトにナットを回して締めることを考える．ナットの中心から最大径 d [m] の部分に力を加えて締めるのに大きさ f [N] の力が必要だとする．

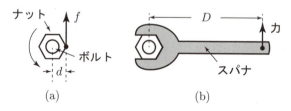

(a) ナットを締めるのに必要な力のモーメント（トルク）はいくらか．

(b) 図 (b) のように，スパナを利用して同じナットを締めるとき，ボルトの中心からスパナに加える力の作用点までの距離を D [m] とすると，スパナを利用してナットを締めるのに必要な力のモーメント（トルク）はいくらか．

問3 図 (a) のように，大腿を椅子につけて膝を中心に下腿に大きさ W [N] の負荷をかけた状態で，水平と角度 ϕ [度] をなすように持ち上げる．このときの下腿のようすを，図 (b) のような一様な棒と見なし，以下のような近似のもとに考えてみる．膝関節を点 A，膝蓋腱を通して大腿四頭筋が脛骨を引く力の作用点を点 B とし，点 C および点 D は，それぞれ下腿と足の重心と負荷の作用点とし，AB 間，AC 間，AD 間の距離をそれぞれ L_{ab} [m]，L_{ac} [m]，L_{ad} [m] とする．ここで，膝蓋腱

> 大腿四頭筋はふとももの筋肉で，すねの骨と膝蓋腱でつながっており，筋肉による力は腱を通して骨に作用している．

が脛骨に及ぼす力を $\vec{F}$ [N] とおき，膝蓋腱と脛骨の間の角度を θ [度] とする．また，膝関節が脛骨に及ぼす力を $\vec{R}$ [N] とおいて，下腿と足の重さを W_L [N] とする

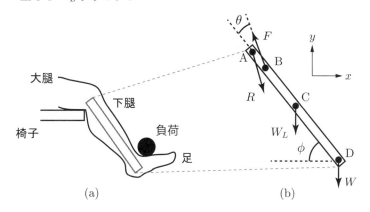

(a) $\vec{R}$ の x 成分と y 成分を R_x および R_y とおいて，下腿に作用している力のつり合いの式を立てよ．
(b) 下腿に作用している力のモーメントを点 A の周りで考え，つり合いの式を立てよ．
(c) つり合いの式を $\vec{F}$ と R_x と R_y について解いてみよ．

問 4 図のように，あらい水平な床の上に置かれている質量 M [kg] で，高さ a [m]，幅 b [m] の一様な直方体の右上の角に，水平に力を加え，少しずつ力の大きさを増していく．ただし，重力加速度の大きさを g [m/s^2] とし，直方体と床との間の静止摩擦係数を μ とする．

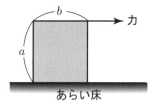

(a) 直方体が傾かずにすべり出したとすると，その直前の力の大きさはいくらか．
(b) 直方体がすべらずに傾いたとすると，その直後の力の大きさはいくらか．
(c) 直方体が傾くより前にすべり出すためには，μ はいくらより小さくなければならないか．

問 5 ある日の気圧を水銀気圧計で観測すると 752.0 mmHg であった．これを [hPa] にするといくらか．ただし，重力加速度の大きさを 9.807 m/s^2 とし，水銀の密度を 13.60 g/cm^3 とする．

問 6 図のように，中が真空となった容器にふたがしてある．気圧が 980 hPa

のとき，このふたを開けるのに必要な力の大きさはいくらか．ただし，ふたの面積は $2.2\times 10^2\,\mathrm{cm}^2$ とする．

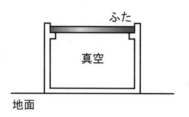

問7 図は，車のブレーキの構造を模式的に表したものである．シリンダー1とシリンダー2の中には油が満たされており，それぞれ断面積 $S_1\,[\mathrm{m}^2]$ および $S_2\,[\mathrm{m}^2]$ のピストンがついている．シリンダー1側は点Aで固定されたブレーキペダルと点Bで接続され，点Cに力を加えることでピストンが押される構造となっている．

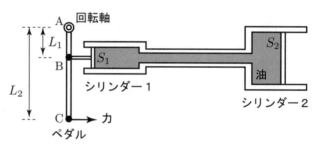

(a) 点Cに大きさ $F\,[\mathrm{N}]$ の力を加えたとき，シリンダー1に加わる力の大きさはいくらか．

(b) 点Cに大きさ $F\,[\mathrm{N}]$ の力を加えたとき，シリンダー2に加わる力の大きさはいくらか．

問8 図のように，ばねばかりでつるした質量 $5.0\,\mathrm{kg}$ のおもりAを，底面積が $9.0\times 10^2\,\mathrm{cm}^2$ の容器内の水に沈めたところ，ばねばかりの目盛りは $3.0\,\mathrm{kg}$ を指していた．このとき，浮力の大きさはいくらか．また，Aを入れる前より入れた後では，水位はいくら上昇しているか．ただし，水の密度を $1.0\,\mathrm{g/cm}^3$ とし，重力加速度の大きさを $9.8\,\mathrm{m/s}^2$ とする．

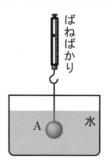

問9 図のように,質量 3.0×10^2 g で体積 1.5×10^2 cm³ の金属球 A に軽いひもをつけてばねばかりにつり下げ,5.0×10^2 g の水が入った容器に入れたのち,全体を台ばかりに載せた.このとき,ばねばかりの目盛りの指す値と台ばかりの目盛りの指す値はいくらか.ただし,容器の質量は考えないものとし,水の密度を 1.0 g/cm³,重力加速度の大きさを 9.8 m/s² とする.

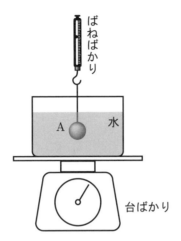

第4章 微分と積分

この章の到達目標

☞ 微分の意味を理解し，基本的な計算法を習得する
☞ 積分の意味を理解し，基本的な計算法を習得する

物体の運動を正しく記述，理解しようとしたとき，いつどこにいるのかを表さねばならない．時間とともに，一定の動きをしているのでない限り，位置の変化量自体が変化する．本章では，変化量が変化するとはどういうことか，変化の割合と変化量との関係を通して，あとの章で必要となる微分と積分の概念を学習し，基本的な計算法を取得することを目標としている．

▶ 4.1 関数

> 「静かに」とは，はじめ静止した状態からという意味である．

図 4.1 のように，下向きに x 軸をとり，物体を静かに落下させて，1 秒ごとにその位置を確認してみる．

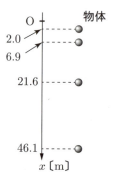

図 4.1： 物体の落下

時刻 t 〔s〕のときの位置 x 〔m〕を $x(t)$ と表せば，

$$x(0) = 2.0 \quad x(1) = 6.9 \quad x(2) = 21.6 \quad x(3) = 46.1 \tag{4.1}$$

となる．式 (4.1) では，1 秒ごとの x の値であるが，一般に，任意の時刻 t を決めると位置 x が決まるようなとき，位置は時間の関数であるという．このとき，t のことを独立変数とよび，t によって決まる x のことを従属変数とよぶ．あとの章であつかうように，物体の運動がわかるとは，物体の位置が時間の関数として与えられることをいう．

> 数式としては関数を f として $x = f(t)$ などと書いたりする．

▶Q1 $x(t)$ がわかると，なぜ運動がわかるといえるのか考えてみよ．

4.2 変化量と変化の割合

式 (4.1) をグラフにすると，図 4.2 のようになる．このような時間 t に対する位置 x のグラフのことを *x-t* グラフとよぶ．このとき注意しなければならないのは，グラフは 2 次元になっているが，実際の物体の動きは 1 次元であることである．

図 4.2 では，縦軸と横軸の目盛の幅（スケール）は一致していない．

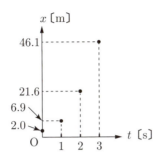

図 4.2: *x-t* グラフ

物体の動きは，ある時間間隔 Δt [s] の間の位置の変化量 Δx [s] によって特徴づけられ，これを平均の速さとよぶ．すなわち，平均の速さ $\bar{v}$ [m/s] とは，次式で与えられる．

ある有限な間隔を表すのにギリシャ文字の Δ（デルタ）をよく用いる．

$$\bar{v} = \frac{\Delta x}{\Delta t} \qquad (4.2)$$

このとき，Δx や Δt は図 4.2 の縦軸や横軸のある 2 点間の間隔で**変化量**であるが，$\bar{v}$ は t に対する x の**変化の割合**であり，図 4.3 のように，グラフでは 2 点間の直線の傾きに相当する．

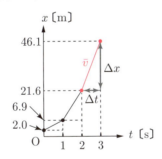

図 4.3: 平均の速さ

x-t グラフが直線で与えられない限り，平均の速さは，どの時刻とどの時刻を選ぶかによって値は異なったものとなる．

Q2 式 (4.1) より，$t=1$ と $t=2$ の間，$t=1$ と $t=3$ の間のそれぞれの平均の速さはいくらか．

4.3 微分係数

図 4.3 からわかるように，平均の速さは，ある時刻で考えたとしても Δt をいくらにとるかで値は変わることがある．そこで時間間隔によらない変化の割合を考えるために，Δt を限りなく小さくしてみよう．これを行うた

めに，図 4.1 で得られた式 (4.1) を，つぎのように変更する．

$$x(t) = 4.9t^2 + 2.0 \tag{4.3}$$

$b \neq a$

すると，時刻 $t = a$ と $t = b$ の間の平均の速さは

$$\frac{x(b) - x(a)}{b - a} = \frac{4.9(b^2 - a^2)}{b - a} = 4.9(b + a) \tag{4.4}$$

となる．ここで，時刻 b を限りなく a に近づけてみると，平均の速さは限りなく $9.8a$ に近づくことがわかる．こうして得られた $9.8a$ を $t = a$ における **微分係数** とよび，$x'(a)$ と表記する．これは，物理的には $t = a$ における **瞬間の速さ** を表している．

図 4.4 のように，平均の速さを表す直線は $t = a$ におけるグラフ上の点 A($a, x(a)$) での接線に限りなく近づいていくので，微分係数 $x'(a)$ は点 A での接線の傾きを表すことがわかる．このとき，点 A のことを **接点** とよぶ．

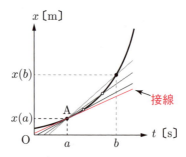

図 4.4: 微分係数と接線の傾き

Q3 式 (4.3) で，$t = 2$ における瞬間の速さはいくらか．

Q4 ある関数 $f(x) = 2x^2$ の点 ($a, 2a^2$) での接線の傾きはいくらか．

▶ 4.4 導関数

x は限りなく a に近づくだけで，$x = a$ とはならない．

関数 $f(x)$ に対して，x が限りなく a に近づいたときに，$f(x)$ が限りなくある値 α に近づくとき，つぎのように表して，α のことを $f(x)$ の **極限値** とよぶ．

$$\lim_{x \to a} f(x) = \alpha \tag{4.5}$$

極限値の記法を用いると，式 (4.4) を参考にして，微分係数 $f'(a)$ は，つぎのように表される．

$$f'(a) = \lim_{x \to a} \frac{f(x) - f(a)}{x - a} \tag{4.6}$$

ここで，$h = x - a$ とおくと，式 (4.6) は，つぎのように変形される．

$$f'(a) = \lim_{h \to 0} \frac{f(h + a) - f(a)}{h} \tag{4.7}$$

さらに，a はある固定点であったが，別に任意の点で構わないので変数 x に置き換えると，任意の点における微分係数 $f'(x)$ は

$$f'(x) = \lim_{h \to 0} \frac{f(x + h) - f(x)}{h} \tag{4.8}$$

となる．これを関数 $f(x)$ の**導関数**とよび，関数に対して導関数を求めることを**微分する**という．

> **例題 11**
>
> $f(x) = x^n$ の導関数を求めよ．ただし，n は自然数とする．

解説 自然数とは 0 を含まない正の整数のことである．$n = 1$ のとき，

$$f'(x) = \lim_{h \to 0} \frac{(x+h) - x}{h} = \lim_{h \to 0} 1 = 1$$

である．$n = 2$ のとき，

$$f'(x) = \lim_{h \to 0} \frac{(x+h)^2 - x^2}{h} = \lim_{h \to 0} \frac{(x^2 + 2xh + h^2) - x^2}{h} = 2x$$

となり，$n = 3$ のとき

$$f'(x) = \lim_{h \to 0} \frac{(x+h)^3 - x^3}{h}$$
$$= \lim_{h \to 0} \frac{(x^3 + 3x^2h + 3xh^2 + h^3) - x^3}{h}$$
$$= 3x^2$$

となる．

これを一般化して $f(x+h) = (x+h)^n$ を展開すると，

$$f(x+h) = x^n + nx^{n-1}h + \frac{n(n-1)}{2}x^{n-2}h^2 + \cdots + nxh^{n-1} + h^n$$

となるので，

$$f'(x) = nx^{n-1} \tag{4.9}$$

となる． ∎

h を含まない極限値は，h によらず変化しない．

▶ Q5 定数関数 $f(x) = c$ について，導関数を求めよ．

▶▶ 微分の表記

y が x の関数であるとき，$y = f(x)$ と書く．式 (4.8) において，分母はもともと $(x+h) - x$ のことなので，x の変化分 Δx である．また，分子も $x+h$ での f の値，すなわち y の値と x での y の値の差なので，y の変化分 Δy のことである．つまり導関数はつぎのように書くことができる．

$$f'(x) = \lim_{\Delta x \to 0} \frac{\Delta y}{\Delta x} \tag{4.10}$$

また，$\Delta x \to 0$ とは無限に小さい変化分を表しており，x の変化分が無限に小さくなれば，それに応じた y の変化分も無限に小さくなるはずである．ここで，有限の変化分を表す Δ を無限小の変化分を表す記号 d に置き換えて，導関数のことをつぎのように表すこともある．

$$\frac{\mathrm{d}y}{\mathrm{d}x} = \lim_{\Delta x \to 0} \frac{\Delta y}{\Delta x} \tag{4.11}$$

そもそも微分は，無限に小さい変化に対する無限に小さい変化の割合を求めることであり，この比の値が収束して初めて微分できることになる．

式 (4.11) は，y を x で微分することを表している．

▶Q6 $y = x^4 + 2x^2 + x + 1$ と表されているとき，$\dfrac{dy}{dx}$ を求めよ．

▶▶ 積の導関数

y が 2 つの関数 $f(x)$ と $g(x)$ の積で表されるとき，その導関数を求めてみる．$y = f(x)g(x)$ に対して

$$\begin{aligned}
\Delta y &= f(x+\Delta x)g(x+\Delta x) - f(x)g(x) \\
&= f(x+\Delta x)g(x+\Delta x) - f(x)g(x+\Delta x) \\
&\quad + f(x)g(x+\Delta x) - f(x)g(x) \\
&= (f(x+\Delta x) - f(x))g(x+\Delta x) + f(x)(g(x+\Delta x) - g(x))
\end{aligned}$$

となるので，変化の割合は

$$\frac{\Delta y}{\Delta x} = \left(\frac{f(x+\Delta x) - f(x)}{\Delta x}\right)g(x+\Delta x) + f(x)\left(\frac{g(x+\Delta x) - g(x)}{\Delta x}\right)$$

となる．ここで $\Delta x \to 0$ とすると，第 1 項と第 2 項のカッコ内は導関数に置き換わり，$g(x+\Delta x) \to g(x)$ なので，次式が得られる．

$$\frac{dy}{dx} = f'(x)g(x) + f(x)g'(x) \tag{4.12}$$

▶Q7 $y = (x^2 + 2)(x^3 + 2x)$ を x で微分せよ．

▶Q8 $y = f^2(x)$ のとき，y' はどうなるか．

▶▶ 商の導関数 1

y が関数 $f(x)$ の逆数で表されるとき，その導関数を求めてみる．$y = \dfrac{1}{f(x)}$ に対して，

$$\Delta y = \frac{1}{f(x+\Delta x)} - \frac{1}{f(x)} = \frac{f(x) - f(x+\Delta x)}{f(x+\Delta x)f(x)}$$

となるので，変化の割合は

$$\frac{\Delta y}{\Delta x} = -\left(\frac{f(x+\Delta x) - f(x)}{\Delta x}\right) \cdot \frac{1}{f(x+\Delta x)f(x)}$$

となる．ここで $\Delta x \to 0$ とすると，前のカッコ内は導関数に置き換わり，$f(x+\Delta x) \to f(x)$ なので，次式が得られる．

$$\frac{dy}{dx} = -\frac{f'(x)}{f^2(x)} \tag{4.13}$$

例題 12

$y = \dfrac{1}{x^n}$ の導関数を求めよ．ただし，n は自然数とする．

解説 式 (4.13) で $f(x) = x^n$ とおくと,

$$y' = -\frac{nx^{n-1}}{x^n \cdot x^n} = -\frac{n}{x^{n+1}} = -nx^{-n-1}$$

となる.これは,式 (4.9) を負の整数まで拡張した形となる. ∎

▶▶ 商の導関数 2

y が 2 つの関数 $f(x)$ と $g(x)$ の商で表されるとき,その導関数を求めてみる.$y = \frac{f(x)}{g(x)}$ に対して,$y = f(x) \cdot \frac{1}{g(x)}$ とみなせば,

$$y' = f'(x) \cdot \frac{1}{g(x)} + f(x) \cdot \left(\frac{1}{g(x)}\right)'$$
$$= \frac{f'(x)}{g(x)} - \frac{f(x)g'(x)}{g^2(x)}$$

となる.したがって,次式が得られる.

$$\frac{dy}{dx} = \frac{f'(x)g(x) - f(x)g'(x)}{g^2(x)} \tag{4.14}$$

Q9 $y = \dfrac{2x+1}{x-3}$ のとき,y' はいくらか.

▶ 4.5 合成関数の導関数

つぎの式の導関数を求めることを考える.

$$y = (2x^2 + 3x + 1)^3 \tag{4.15}$$

式 (4.9) がわかっているので,展開すれば計算することができる.しかし,数式が複雑になったり,次数が上がったりすると,単純計算ではあるが厄介な問題になる.

そこで,式 (4.15) を,つぎのような 2 つの式で構成されていると見ることにする.

$$y = X^3, \quad X = 2x^2 + 3x + 1 \tag{4.16}$$

そして,y' について,つぎのような変形をする.

$$y' = \frac{dy}{dx} = \frac{dy}{dX} \cdot \frac{dX}{dx} \tag{4.17}$$

これにより,式 (4.15) の微分は

$$y' = 3X^2 \cdot (4x+3) = 3(2x^2 + 3x + 1)^2(4x+3) \tag{4.18}$$

と求められる.このように,1 つの関数を 2 つ以上の関数の組み合わせとみなして導関数を計算することを**合成関数の微分**という.

一般に,$y = f(X)$ および $X = g(x)$ として,合成関数 $y = f(g(x))$ の微分は,つぎのように表される.

$$y' = \frac{dy}{dx} = \frac{df}{dx} = \frac{df}{dg} \cdot \frac{dg}{dx} \tag{4.19}$$

4.6 不定積分

ある関数 $F(x)$ を微分すると $f(x)$ となるとき，$F(x)$ を $f(x)$ の**不定積分**とよぶ．$F(x)$ に定数 C を加えても微分すれば $f(x)$ となるので，$F(x)+C$ も $f(x)$ の不定積分となり，つぎのように表す．

$$\int f(x)\,\mathrm{d}x = F(x) + C \tag{4.20}$$

> C の値によって不定積分はいくつもあるので，$F(x)$ はその中の 1 つであるといえる．

このとき，定数 C のことを**積分定数**とよぶ．また，ある関数の不定積分を求めることを**積分する**という．図 4.5 のように，積分するとは微分する前の関数を求めることなので，積分と微分はちょうど逆の演算に対応する．

> 運動方程式を解くときにこの演算が必要となる．

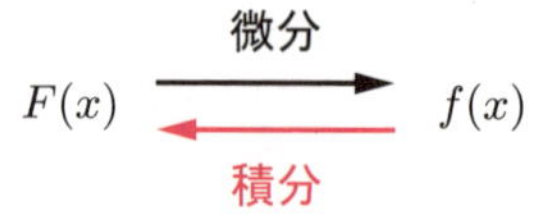

$$F(x) \xrightarrow{\text{微分}} f(x)$$
$$F(x) \xleftarrow{\text{積分}} f(x)$$

図 4.5: 微分と積分の関係

▶▶ 整式の不定積分

$F(x) = x$ のとき，$f(x) = 1$ なので

$$\int 1 \cdot \mathrm{d}x = x + C$$

である．このとき，$\int 1 \cdot \mathrm{d}x$ は，1 を省略して $\int \mathrm{d}x$ と表すこともある．また，同じように $F(x) = \dfrac{1}{2}x^2$ のとき，$f(x) = x$ なので，

$$\int x\,\mathrm{d}x = \frac{1}{2}x^2 + C$$

である．さらに，$F(x) = \dfrac{1}{3}x^3$ のとき，$f(x) = x^2$ なので，

$$\int x^2\,\mathrm{d}x = \frac{1}{3}x^3 + C$$

である．これらより，つぎの関係が成り立つことがわかる．

$$\int x^n\,\mathrm{d}x = \frac{1}{n+1}x^{n+1} + C \tag{4.21}$$

ただし，$n \neq -1$ である．

例題 13

$\dfrac{\mathrm{d}y}{\mathrm{d}x} = ax^2 + bx + c$ のとき，y を求めよ．ただし，a, b, c は定数とする．

解説 条件式の辺々に $\mathrm{d}x$ をかけると

$$\mathrm{d}y = (ax^2 + bx + c)\mathrm{d}x$$

となる．これの両辺に $\int$ をつけると，積分の式ができる．

$$\int \mathrm{d}y = \int (ax^2 + bx + c)\mathrm{d}x$$

両辺で積分定数を C_1 と C_2 とすれば，

$$y + C_1 = \frac{a}{3}x^3 + \frac{b}{2}x^2 + cx + C_2$$

となり，$C = C_2 - C_1$ とおけば

$$y = \frac{a}{3}x^3 + \frac{b}{2}x^2 + cx + C$$

となる．∎

Q10 $2x^2 + x$ の不定積分はいくらか．

▶ 4.7 定積分

図 4.6(a) のように，$y = f(x)$ のグラフがあり，$x = a$ からある点 x の区間でグラフと x 軸との間の面積を $S(x)$ とする．

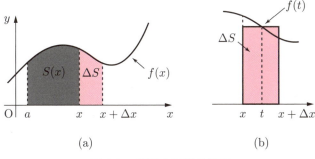

(a) (b)

図 4.6：積分と面積の関係

このとき，x から $x + \Delta x$ の区間での面積を ΔS と表したとすると

$$\Delta S = S(x + \Delta x) - S(x) \tag{4.22}$$

である．図 4.6(b) は ΔS の部分を拡大したもので，必ず $\Delta S = f(t)\Delta x$ となるような値 t が $x < t < x + \Delta x$ の区間には存在するはずである．これにより，

$$f(t) = \frac{\Delta S}{\Delta x} = \frac{S(x + \Delta x) - S(x)}{\Delta x} \tag{4.23}$$

と表されるので，$\Delta x \to 0$ とすれば，式 (4.23) の最右辺は S の導関数となる．また，$f(t) \to f(x)$ となることから，式 (4.23) はつぎのよう表すことができる．

$$f(x) = \frac{\mathrm{d}S}{\mathrm{d}x} \tag{4.24}$$

ここで，式 (4.20) のように $f(x)$ のある不定積分を $F(x)$ と表したとすると，式 (4.24) は

$$S(x) = F(x) + C \tag{4.25}$$

と表される．$S(x)$ は $x = a$ から x までの区間の面積なので，$S(a) = 0$ である．これより，$C = -F(a)$ なので

$$S(x) = F(x) - F(a) \tag{4.26}$$

となる．

図 4.7 のように，あらためて $x = a$ から $x = b$ までの区間で，関数 $f(x)$ と x 軸との間の面積を S とすれば，式 (4.26) より，$S = F(b) - F(a)$ と表される．

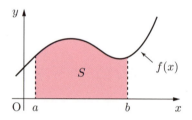

図 4.7：ある区間の面積

このように，$f(x)$ の不定積分 $F(x)$ に対して，ある定数 a と b を用いて $F(b) - F(a)$ と表される量のことを，$f(x)$ の $x = a$ から $x = b$ までの**定積分**とよび，つぎのように表す．

$$F(b) - F(a) = \int_a^b f(x) \mathrm{d}x \tag{4.27}$$

積分定数は引き算においてキャンセルするので，どの不定積分を用いても定積分の値は変わらない．

面積として求めた定積分の値であるが，$f(x)$ が x 軸の上にあるか下にあるかや，a と b の大小関係によっては負の値となる場合もある．

▶**Q11** $f(x) = 2x + 3$ において，$x = 2$ から $x = 5$ の区間における x 軸との間の面積はいくらか．

章 末 問 題

問 1 つぎの関数 $f(x)$ を微分せよ．

(a) $f(x) = 4x^3 + x^2 - 2x - 5$

(b) $f(x) = (x^2 - x + 1)^2$

(c) $f(x) = (x^3 + 1)(x^2 + 2)(x + 3)$

(d) $f(x) = \dfrac{x - 2}{x^2 + x - 1}$

問 2 つぎの条件を満たす $f(x)$ を求めよ．

(a) $f'(x) = 2x - 3, \quad f(0) = 1$

(b) $f'(x) = 4x^3 + 2x - 2, \quad f(1) = 2$

問 3 $f(x)$ が x について 2 次関数であるとする．つぎの条件を満たす $f(x)$ を求めよ．
$$f(1) = 2, \quad f'(0) = 1, \quad f'(1) = 3$$

問 4 時刻 0 で半径 r_0 [m] の円が 1 秒当たり a [m/s] で大きくなるとき，時刻 t [s] での円周の変化の割合はいくらか．また，t 秒後の面積の変化の割合はいくらか．

問 5 図のように，半径 r [m] で深さ h [m] の円錐形をした容器がある．この容器に一定の割合 v [m^3/s] で液体を入れるとき，液面の上昇する速さ（深さの変化の割合）と液面の面積の増加率（変化の割合）はどのように表されるか．

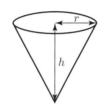

第5章 運動の表し方

― この章の到達目標 ―
- ☞ 運動を表す諸量について理解する
- ☞ 相対速度と速度の合成について理解する

運動する物体を記述するためには，物体の位置が時間とともにどのように変化しているかを表現しなければならない．本章では，位置の変化を表す変位という物理量から，物体の速度，加速度など，運動を特徴づけるいろいろな物理量を学習し，相互の関係などを数式やグラフなどを通して理解していく．また，運動する物体を観測するとき，自分の運動状態によって見え方が変わるということも併せて学習する．

▶ 5.1 物体の位置

物体の運動するようすを考えるには，物体の位置を特定しなければならない．物体には必ず質量があり，重力（万有引力）がはたらくので，その作用点である重心をもって物体の位置と考える．

図 5.1: 物体の位置

その他の力が作用しても，その作用線が重心を通る場合には質点としてあつかえるし，作用線が重心を通らないときには力のモーメントがあるので，物体は並進運動（重心が横に動く運動）だけでなく回転運動することになる．

図 5.2 のように，物体の位置が点 A から点 B まで移動したとき，有効線分 $\overrightarrow{\mathrm{AB}}$ のことを**変位ベクトル**あるいは単に**変位**とよぶ．

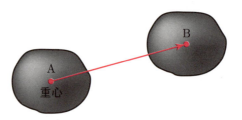

図 5.2: 位置の変化

変位はベクトル量であるから，始点と終点のみで指定され，物体が途中

> 物体は剛体であると仮定する．

> 実際にどのような運動をするかについては，あとの章で行う．

にどのような経路をたどったかにはよらない．したがって，図 5.3 のように，有効線分の長さ $|\overrightarrow{AB}|$ が必ずしも移動距離とはならない．

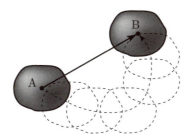

図 5.3: 変位と移動距離

▶ 5.2 物体の速さ

▶▶ 平均の速さ

運動のようすを考える上で，もっとも基本となる量は平均の速さであり，物体が Δt [s] の間に Δx [m] だけ移動したとすると，平均の速さ $\bar{v}$ [m/s] は

$$\bar{v} = \frac{\Delta x}{\Delta t} \tag{5.1}$$

と表される．図 5.4 のように，時刻 t [s] における物体の位置 x [m] のようすをグラフにしたものを $x\text{-}t$ グラフとよび，平均の速さは $x\text{-}t$ グラフの任意の 2 点間の直線の傾きを表す．

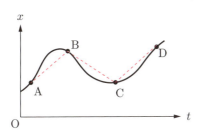

図 5.4: $x\text{-}t$ グラフと平均の速さ

グラフ上で考えると，実際の物体の動き（曲線）を任意の 2 点間の直線を用いて近似することに対応する．

Q1 3.0 m の距離を 2.0 秒で移動する物体 A と 5.0 m の距離を 3.0 秒で移動する物体 B では，どちらの動きのほうが大きいか．

Q2 図のように，物体 A が x 軸上点 P から点 Q まで 4.0 秒で移動し，点 Q で 2.0 秒間静止したのち，点 Q から点 R まで 3.0 秒で移動した．このとき，PR 間の平均の速さはいくらか．

```
        3.0   5.0
   ├──●────●────●────→ x [m]
   O  P    Q    R
```

▶▶ 瞬間の速さ

平均の速さは，物体が Δt の間に一様に運動していない場合には，物体の運動を正しく表現する量とはならない．そこで，運動を平均化してしまっ

数学的には，ある時刻の瞬間の速さはその時刻における微分係数であり，任意の時刻における瞬間の速さは $x(t)$ の導関数のことである．

ている時間間隔 Δt を限りなく短くとれば，物体の運動のようすがよくわかるようになる．こうして得られる量 $v\,[\mathrm{m/s}]$ を**瞬間の速さ**とよび，

$$v = \frac{\mathrm{d}x}{\mathrm{d}t} = \lim_{\Delta t \to 0} \frac{\Delta x}{\Delta t} \tag{5.2}$$

と表す．これによって時々刻々変化する速さを表現することができ，スピードメーターの表示している数値が，これに対応する．瞬間の速さは，単に**速さ**とよぶことがある．

図 5.5 のように，瞬間の速さは，x-t グラフにおける任意の点の接線の傾きを表している．

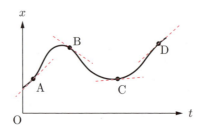

図 5.5：x-t グラフと瞬間の速さ

Q3 x 軸上を運動する物体 A の時刻 $t\,[\mathrm{s}]$ における A の位置座標 $x\,[\mathrm{m}]$ が，つぎのように表された．時刻 2.0 秒での A の瞬間の速さはいくらか．また，時刻 t における A の瞬間の速さはどのように表されるか．

$$x(t) = 4.9t^2 - 2.0t$$

▶ 5.3 物体の速度

速さは，位置の時間に対する変化の割合を表しているだけのスカラー量なので，どの方向へ運動しているかはわからない．そこで，速さ $v\,[\mathrm{m/s}]$ に向きの情報を加えてベクトル量としたものを**速度**とよび，$\vec{v}$ と表す．つまり，「速さ」とは「速度の大きさ」のことで，

$$v = |\vec{v}| \tag{5.3}$$

と表される．

速度を指定するときは，向きと大きさの情報が必要なので，例えば「x 軸の正の向きに速度 $2.0\,\mathrm{m/s}$」といった表し方をする．

▶▶ 相対速度

図 5.6 のように，直線道路を A は正の向きに速度 $60\,\mathrm{km/h}$ で走っており，その前方で B は正の向きに速度 $50\,\mathrm{km/h}$ で走っている．

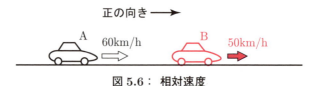

図 5.6：相対速度

このとき，B から A を見れば，60 km/h ではなく正の向きに 10 km/h で走っているように見えるし，A から B を見れば，負の向きに 10 km/h で走っているように見える．

このように，運動する物体から運動する物体を見たときの速度を**相対速度**とよび，物体 A の速度を $\vec{v}_A$ [m/s]，物体 B の速度を速度 $\vec{v}_B$ [m/s] とすると，A から B を観測するときの相対速度 $\vec{v}_{AB}$ [m/s] は

$$\vec{v}_{AB} = \vec{v}_B - \vec{v}_A \tag{5.4}$$

であり，B から A を観測するときの相対速度 $\vec{v}_{BA}$ は

$$\vec{v}_{BA} = \vec{v}_A - \vec{v}_B \tag{5.5}$$

と表される．つまり，相対速度とは，相手の速度から自分の速度を引いたものである．

▶**Q4** x 軸の正の向きに 2.0 m/s で運動する物体 A から，x 軸の負の向きに 2.5 m/s で運動する物体 B をみると，相対速度はいくらか．

例題 14

x-y 座標で，x 軸の正の向きに 2.0 m/s で運動する物体 A から，y 軸の負の向きに 3.0 m/s で運動する物体 B を観測したとき，**相対速度の大きさ v_{AB} [m/s]** はいくらか．

解説 A と B の速度 $\vec{v}_A$ [m/s] と $\vec{v}_B$ [m/s] を成分表示すると，

$$\vec{v}_A = (2.0, 0), \quad \vec{v}_B = (0, -3.0)$$

となる．これより，

$$\vec{v}_{AB} = \vec{v}_B - \vec{v}_A = (-2.0, -3.0)$$

なので，$v_{AB} = \sqrt{(-2.0)^2 + (-3.0)^2} = 3.6 \text{ m/s}$ となる．　∎

▶▶ 速度の合成

図 5.7 のように，静水中を速さ v_1 [m/s] で進むことのできる船が，速さ v_2 [m/s] で流れている川を直角に横切るとき，船は横切る方向へ進みながら川の流れに流されていくので，結果的に $\vec{v} = \vec{v}_1 + \vec{v}_2$ で与えられるような $\vec{v}$ [m/s] の方向へと進むことになる．

静水とは，流れのない静止した水のこと．

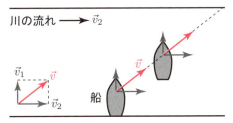

図 5.7: 速度の合成

このように，速度 $\vec{v}_1$ で動くことができる物体が，川や空気の流れなど速度 $\vec{v}_2$ をもつところを運動する場合，静止した人がこの物体の運動を観察すると，それぞれの速度の和 $\vec{v}_1 + \vec{v}_2$ で運動しているように見える．これを**速度の合成**といい，和で表される速度のことを**合成速度**とよぶ．

Q5 図 5.7 において，船の静水中の速さを 3.0 m/s，川の流れを 1.5 m/s とすると，合成速度の大きさはいくらか．また，川幅 30 m をこの船が横断するために要する時間はいくらか．

▶ 5.4 速さと移動距離

物体が一定の速さで直線上を運動しているとき，すなわち速度が一定のとき，物体は**等速直線運動**しているという．物体の速さを v [m/s] とすると，時間 Δt [s] の間に移動する距離 Δx [m] は，式 (5.1) より

$$\Delta x = v \Delta t \tag{5.6}$$

と表される．Δt を限りなく小さくすれば，式 (5.6) は，つぎのように書き変えられる．

$$\mathrm{d}x = v \mathrm{d}t \tag{5.7}$$

> 速さが一定であれば，平均の速さと瞬間の速さは同じである．

$\mathrm{d}t$ は限りなく 0 に近い小さな値なので，v は時間 t [s] とともに変化する $v(t)$ としても成り立つ関係である．

▶▶ 不定積分の利用

まずは $v = $ 一定 として，式 (5.7) の両辺に $\int$ の記号をつけて不定積分すると，積分定数を C_1 と C_2 とおいて

$$\int \mathrm{d}x = \int v \mathrm{d}t \to x + C_1 = vt + C_2 \tag{5.8}$$

となる．$t = 0$ のとき $x = C_2 - C_1$ なので，$C_2 - C_1$ は時刻 0 における物体の位置座標を表す．そこで，これを x_0 とおいて**初期位置**とよぶ．これより時刻 t における位置座標 $x(t)$ は，つぎのようになる．

$$x(t) = vt + x_0 \tag{5.9}$$

等速直線運動している物体の移動距離は $x(t) - x_0$ のことなので，時間 t の間の移動距離は vt となる．

▶▶ 定積分の利用

式 (5.7) に対して，時刻 0 から任意の時刻 t までの区間における定積分をする場合，つぎのように表す．

$$\int_{x(0)}^{x(t)} \mathrm{d}x = \int_0^t v \mathrm{d}t \tag{5.10}$$

左辺の区間指定は位置座標 x で指定しなければならないので，時刻 0 における座標 $x(0)$ から時刻 t における座標 $x(t)$ までとなっている．これを計算すれば，次式が得られる．

$$x(t) - x(0) = vt \tag{5.11}$$

$x(0) = x_0$ とすれば，式 (5.11) と式 (5.9) は等しいことがわかり，時刻 0 から任意の時刻 t までの移動距離を求めたことになる．ただし，これが移動距離を表すのは等速直線運動の場合であり，正確には位置座標の変化分なので変位のことである．

Q6 x 軸上を運動する物体 A が，時刻 0 で $x = 2.0\,\text{m}$ の位置にあり，正の向きに一定の速度 $1.5\,\text{m/s}$ で運動している．任意の時刻 $t\,[\text{s}]$ における A の位置座標はどのように表されるか．

Q7 x 軸上を運動する物体 A が，時刻 $t = 1.0\,\text{s}$ で $x = 2.0\,\text{m}$ の位置にあり，正の向きに一定の速度 $1.5\,\text{m/s}$ で運動している．任意の時刻 $t\,[\text{s}]$ における A の位置座標はどのように表されるか．

▶ 5.5 物体の加速度

▶▶ 平均の加速度

速さが一定でない場合，時間間隔 $\Delta t\,[\text{s}]$ で速さが $\Delta v\,[\text{m/s}]$ だけ変化したとする．このとき，変化の割合を $\bar{a}\,[\text{m/s}^2]$ と書いて，つぎのように表す．

$$\bar{a} = \frac{\Delta v}{\Delta t} \tag{5.12}$$

これを，**平均の加速度の大きさ**とよび，$1.0\,\text{m/s}^2$ とは 1 秒で速さが $1.0\,\text{m/s}$ だけ変化するような大きさである．

また，ベクトルとしての速度が一定でない場合，時間間隔 $\Delta t\,[\text{s}]$ で速度が $\Delta \vec{v}\,[\text{m/s}]$ だけ変化したとする．このとき，変化の割合を $\vec{a}\,[\text{m/s}^2]$ と書いて，つぎのように表す．

$$\vec{a} = \frac{\Delta \vec{v}}{\Delta t} \tag{5.13}$$

これを，**平均の加速度**とよぶ．図 5.8 のように，Δt の間に $\vec{v} \to \vec{v'}$ となったとすると，必ずしも大きさが変化していなくても $\vec{a}$ は 0 とはならない．

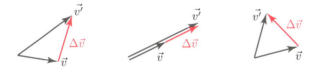

向きと大きさが変化　　大きさのみ変化　　向きのみ変化

図 5.8: 速度ベクトルの変化

Q8 静止していた物体が 5.0 秒間で $10\,\text{m/s}$ の速さとなった．このとき，平均の加速度の大きさはいくらか．

Q9 x-y 座標において，物体 A が時刻 2.0 秒において速度 $\vec{v} = (2.0, 1.0)$ であったが，時刻 4.0 秒では速度 $\vec{v'} = (3.0, 3.0)$ となっていた．このとき，A の平均の加速度 $\vec{a}\,[\text{m/s}^2]$ はいくらか．ただし，速度の単位は $[\text{m/s}]$ である．

▶▶ 瞬間の加速度

$\Delta t\,[\text{s}]$ の間の速度の変化 $\Delta \vec{v}\,[\text{m/s}]$ が一定でない場合，平均化せずに時々刻々の速度の変化の割合を考えたいとすると，$\Delta t \to 0$ として，つぎのよ

うな**瞬間の加速度**あるいは単に**加速度** $\vec{a}$ [m/s²] を評価することになる.

$$\vec{a} = \frac{d\vec{v}}{dt} \tag{5.14}$$

また，スカラー量である $a = |\vec{a}|$ は，**瞬間の加速度の大きさ**あるいは単に**加速度の大きさ**とよぶ.

式 (5.2) のように，速さ v が x の微分で表されるので，加速度の大きさ a は，つぎのように表すこともできる.

$$a = \frac{dv}{dt} = \frac{d}{dt} \cdot v = \frac{d}{dt} \cdot \left(\frac{dx}{dt}\right) = \frac{d^2 x}{dt^2} \tag{5.15}$$

式 (5.15) の最後の等号では x を t で 2 回つづけて微分したもので，x の 2 次導関数あるいは 2 階微分とよぶ.

> 2 回微分ではなく，2 階微分とよぶ.

例題 15

x 軸上を運動する物体 A の速度 v [m/s] が時間 t [s] を用いて，つぎのように表された．**A に生じている加速度とその大きさはいくらか**.

$$v(t) = -4.9t + 2.0$$

解説 この式をグラフにすると，下図のようになる.

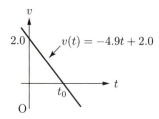

時刻 0 では正の向きに 2.0 m/s の速度で運動しており，時刻 t_0 [s] で速度が 0 となり，t_0 以降は負の向きに運動していることがわかる．ただし，

$$t_0 = \frac{2.0}{4.9} = 0.41$$

である.

加速度 a [m/s²] は t で微分することで得られ

$$a = -4.9$$

となる．マイナス符号は向きが負であることを意味し，負の加速度とは，減速する運動のときに生じてものである．したがって，加速度は**負の向きに大きさ 4.9 m/s²** ということになる. ∎

Q10 x 軸上を運動する物体 A の速度 v [m/s] が時間 t [s] を用いて，つぎのように表された．$t = 0$ から $t = 2.0$ までの平均の加速度の大きさはいくらか．また，$t = 1.0$ での瞬間の加速度の大きさはいくらか．

$$v(t) = 2.0t^2 + 3.0t + 1.0$$

5.6 等加速度直線運動

物体が直線上を一定の加速度で運動しているとき，この運動を**等加速度直線運動**という．このとき加速度 $a\,[\mathrm{m/s^2}]$ は定数なので，式 (5.14) で，辺々に $\mathrm{d}t$ をかけて積分記号をつけると，

$$a\,\mathrm{d}t = \mathrm{d}v \rightarrow \int a\,\mathrm{d}t = \int \mathrm{d}v \tag{5.16}$$

となり，積分定数を C_1 と C_2 として，つぎのようになる．

$$at + C_1 = v + C_2 \tag{5.17}$$

ここで，$C_1 - C_2 = v_0$ とおいて書き直すと

$$v(t) = at + v_0 \tag{5.18}$$

となる．v_0 は時刻 0 における速度を表しているので**初速度**とよぶ．

式 (5.18) を速度 $v\,[\mathrm{m/s}]$ と時間 $t\,[\mathrm{s}]$ のグラフ（v-t グラフ）で表すと，図 5.9 のように，傾き a で切片が v_0 である直線となる．

> 直線上の運動ではベクトル量はプラスかマイナスで向きが表されるので，ベクトル記号は省略する．

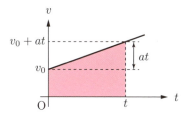

図 5.9：等加速度直線運動

式 (5.10) に式 (5.18) を代入して，時刻 0 から任意の時刻 t まで定積分すると，

$$x(t) - x(0) = \int_0^t (at + v_0)\mathrm{d}t = \frac{1}{2}at^2 + v_0 t \tag{5.19}$$

となる．これは，図 5.9 での面積を求めたことに対応し，時間 t の間の移動距離を表している．初期位置を $x(0) = x_0$ とおけば，時刻 t における位置座標がつぎのように表される．

$$x(t) = \frac{1}{2}at^2 + v_0 t + x_0 \tag{5.20}$$

例題 16

x 軸上を等加速度運動する物体 A の任意の時刻 $t\,[\mathrm{s}]$ における速度 $v\,[\mathrm{m/s}]$ が，グラフのように表された．A が時刻 0 で原点 O にいたとすると，時刻 0 から 6.0 秒間の**移動距離と変位**はいくらか．

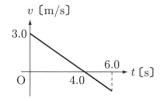

解説 v-t グラフより，初速度は 3.0 m/s で，直線の傾きから加速度を求めると

$$-3.0 \div 4.0 = -0.75$$

となり，x 軸の負の方向を向いた大きさ 0.75 m/s^2 であることがわかる．これより，時刻 t 〔s〕における速度 v 〔m/s〕は

$$v = -0.75t + 3.0 \tag{5.21}$$

と表される．A は時刻 0 から $t=4.0$ までは正の速度だが，$t=4.0$ から $t=6.0$ までは負の速度で運動しているので，A は原点から正の向きに進んだものの，下のグラフのように点 P で折り返して点 Q にいたる運動をしたことがわかる．

したがって，時刻 0 から時刻 6.0 s までの移動距離は O→P→Q の長さであり，変位は O→Q である．

移動距離は v-t グラフで，グラフ（直線）と t 軸で囲まれた部分の面積によって表される．$t=0$ から $t=4.0$ までの三角形と $t=4.0$ から $t=6.0$ までの三角形の面積を求めればよく 7.5 m となる．一方，変位は三角形の面積を正の向きに進んだ距離か負の向きに進んだ距離かを考慮して求めるか，式 (5.21) を $t=0$ から $t=6.0$ まで定積分して面積を求めればよい．

$$\int_0^{6.0} (-0.75t + 3.0)\,\mathrm{d}t = 4.5$$

したがって，変位は 4.5 m となる．

例題 17

式 (5.18) と式 (5.20) より，t を消去し，次式を求めよ．

$$v^2 - v_0^2 = 2a(x - x_0) \tag{5.22}$$

解説 式 (5.18) を t について解くと，

$$t = \frac{v - v_0}{a}$$

となり，これを式 (5.20) へ代入する．

$$x - x_0 = \frac{1}{2}a\left(\frac{v - v_0}{a}\right)^2 + v_0\left(\frac{v - v_0}{a}\right)$$

これを整理することで，式 (5.22) を得ることができる．

Q11 速さ 20 m/s で走っていた車が，急ブレーキをかけた．このとき，一定の加速度で 100 m 走って静止したとすると，加速度はいくらか．

章末問題

問 1 x 軸上を運動する物体 A の時刻 t 〔s〕における原点からの距離 x 〔m〕が，つぎのように表された．

$$x(t) = 2t^2 - 4t + 3$$

(a) 時刻 0 における A の速度はいくらか．
(b) A の加速度はいくらか．

問 2 x-y 平面を運動する物体 A の位置ベクトル $\vec{r}$ が，時刻 t 〔s〕のとき，$\vec{r} = (t-3, -t^2+1)$ と表された．ただし，座標の単位を〔m〕とする．
(a) $t=0$ のとき，A は原点からどれだけ離れているか．
(b) $t=2$ のとき，A の速さはいくらか．
(c) 加速度ベクトル $\vec{a}$ を求めよ．

問 3 x 軸上を A は正の向きに速度 2.0 m/s で運動し，B は負の向きに速度 3.0 m/s で運動しており，時刻 0 で A は原点にいて B は $x=30$ にいた．ただし，座標の単位を〔m〕とする．
(a) A から見た B の相対速度はいくらか．
(b) A と B がすれ違うのはどこか．

問 4 自動車が 100 km/h で走っていたところ，ブレーキをかけて一定の加速度で減速し，10 秒後に静止した．このとき，加速度の大きさと静止するまでに移動した距離はいくらか．

問 5 x 軸上を運動する A の時刻 t 〔s〕での速度 v 〔m/s〕が，下のグラフのように変化した．ただし，時刻 0 のとき A は原点 O にいたとして，座標の単位は〔m〕とする．

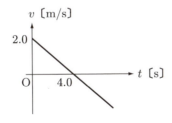

(a) A の加速度の大きさはいくらか．
(b) A の x 座標がもっとも大きくなる時刻はいつで，その値はいくらか．
(c) $t=0$ から $t=10$ までに A が移動した距離はいくらか．

問 6 下のグラフは，質量 m 〔kg〕の小物体 P が x 軸上を点 O → 点 A → 点 B → 点 C と運動しているとき，P の速さ v 〔m/s〕と時刻 t 〔s〕の関係を表したものである．

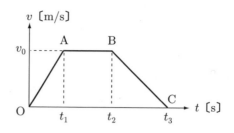

(a) OA 間で P に生じている加速度の大きさはいくらか.
(b) AB 間の移動距離はいくらか.
(c) BC 間で P に作用している力の大きさはいくらか.
(d) P が時刻 0 で原点にあったとすると，時刻 t_3 [s] のとき P の位置と原点との距離はいくらか.

問 7 流れのない水面を 10 km/h で移動することのできる船が，流速 5.0 km/h の川の対岸に最短距離で移動するためには，川の流れに対してどれだけの角度で進まねばならないか.

問 8 図のように，点 P では川幅が $2L$ [m] で流速 V [m/s] の川が，点 Q では川幅 L [m] で流速 $2V$ [m/s] となっている．流れのない水面に対して速さ v [m/s] で進むことのできる船で，点 P および点 Q から最短距離を進んで対岸に行くとき，点 Q から出たほうが早く対岸に到着するためには，v はいくらより大きくなければならないか.

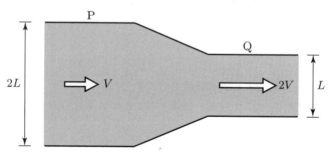

問 9 静止した状態から 100 m の距離を走り抜けるとき，はじめの 30 m だけ等加速度運動し，その後は等速直線運動するものとする．このようにして 100 m を 10 秒で走るためには，必要な最高速度とはじめの加速度の大きさはいくらか.

問 10 ヘリコプターは，メインローター（回転翼）の回転している面を傾けることで前進することができる．水平方向の加速度を 1.0m/s^2 にするためには，回転面の傾きをいくらにすればよいか．ただし，重力加速度の大きさを 9.8m/s^2 とする.

第6章 運動の法則

――この章の到達目標――

☞ 物体の運動が，運動の3法則によって表されることを理解する
☞ 等加速度運動する物体の運動を，運動方程式で解けるようにする

物体の運動は，ニュートンがまとめた3法則によって記述されることを学習する．そして，物体に力がはたらくことで運動状態が変化し，その変化のようすは運動方程式によって記述されることを理解する．本章では，運動方程式を解く練習として，もっとも簡単な等加速度運動について取り上げる．

▶ 6.1 力と運動

力とは，物体を変形させたり，物体の運動状態を変化させたりするものである．力自体は目に見えないので，目に見える物体のようすを通して記述し，理解する．例えば，物体の変形のようすから，加えられた力の向きや大きさを理解し，静止していた物体が動き出したとき，その運動のようすから作用した力の向きや大きさを考える．

運動状態の変化とは，静止していた物体が動き出すことや，運動している物体の速度が変化するといったことである．これらはいずれも速度の変化を伴っており，加速度運動であることがわかる．そして，その変化が大きいほど，すなわち加速度が大きいほど大きな力が作用したと考えられるので，力の大きさ F [N] は加速度の大きさ a [m/s²] に比例するとみなせる．ここで，比例定数を m [kg] とおけば

$$F = ma \tag{6.1}$$

と表される．式 (6.1) をグラフで表せば，原点を通る直線となるので，図 6.1 のように，比例定数によって傾きの異なるグラフ A と B ができる．

運動している物体の速度が変わらなければ，運動は変化したことにはならない．

[kg] = [N·s²/m]

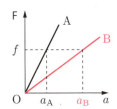

図 6.1：運動のしにくさ

同じ大きさ f [N] の力が作用したとき，A と B でそれぞれの加速度が a_A [m/s²] と a_B [m/s²] であったとすると，$a_A < a_B$ なので A のグラフの

ほうが運動状態の変化が小さいことを意味する．すなわち，運動しにくいことがグラフの傾き（比例定数 m）によって表されている．この運動のしにくさを表わす m のことを**質量**とよぶ．

式 (6.1) より，質量 $1\,\mathrm{kg}$ の物体に $1\,\mathrm{m/s^2}$ の加速度を生じさせたとき，その力の大きさを $1\,\mathrm{N}$ と決めている．

> 質量については，キログラム原器によって運動のしにくさの基準が定められ，これを $1\,\mathrm{kg}$ としている．

Q1 静止している物体 A に 2.0 秒間だけ大きさ $8.0\,\mathrm{N}$ の力を加えたところ，A は速さ $1.6\,\mathrm{m/s}$ の運動をした．このとき，A の質量はいくらか．

6.2 ニュートンの運動の 3 法則

▶▶ 第 1 法則

物体には質量があり，これはその物体の運動のしにくさを表している．運動のしにくさとは，いまある運動状態を維持しようとすることであり，このような性質を**慣性**とよぶ．したがって，あらゆる物体には慣性があり，静止している物体は静止状態を維持しようとし，運動している物体はその運動状態（速度）を維持しようとする．これを**慣性の法則**とよび，**運動の第 1 法則**としている．

> 速度不変とは，等速直線運動のことである．

▶▶ 第 2 法則

物体には慣性という性質があっても，力がはたらくことによって，その運動状態は変化させられる．このとき，加えた力 $\vec{F}\,[\mathrm{N}]$ によって加速度 $\vec{a}\,[\mathrm{m/s^2}]$ が生じ，それは動きにくさに反比例するので，

$$\vec{a} = \frac{1}{m} \cdot \vec{F} \tag{6.2}$$

と表される．力を加えたことで運動が変化するというこの関係を**運動の法則**とよび，これが**運動の第 2 法則**である．

加速度は位置座標の微分によって表されているので，これを積分すれば任意の時刻における物体の位置，すなわち運動のようすがわかる．このことから，式 (6.2) のことを**運動方程式**とよぶ．

> 運動方程式とは，$x(t)$ が満たすべき微分方程式のことである．

▶▶ 第 3 法則

物体に力を加えれば，加えたことがわかる．これは加えた力に対して，物体が同じ大きさの力で押し返しているからである．このように，力を加える（作用）と必ず手応え（反作用）があることを**作用反作用の法則**とよび，これが**運動の第 3 法則**である．

作用反作用の法則があるおかげで，物体に外から加わる力のみを考えればよいことが示される．

6.3 運動方程式の解法のまとめ

物体の運動を調べようと思えば，物体に作用している力の合力を考え，式 (6.2) に代入して解けばよい．作用する力が一定でない場合，運動方程式を解くことは困難であり，多くの場合は数値的に解を探すことになる．ここ

では，作用する力が一定でもっとも基本的な場合について，その解く手順をまとめることにする．

▶▶ 物体に作用している力の特定

物体の運動は，作用している力によって決まるので，まずは物体に作用している力をすべて描き出す．複数の力が作用している場合には，その合力を求める．このステップがもっとも重要で，このあとは半ば自動的に進めることができる．

力が一定だと，物体は等加速度運動をすることになる．

対象としている物体内に作用点のない力については考えない．

▶▶ 座標の設定

運動を解くとは任意の時刻における物体の位置を特定することなので，物体の位置を指定する座標を設定しなければならない．特に，初速度が 0 か，初速度の向きと作用する力の作用線が一致している場合には x 座標を，それ以外では 2 次元か 3 次元の座標を設定する．原点の位置や座標軸の向きは自由にとれるが，あえて解くのが難しくなるようには設定しない．

▶▶ 加速度を求める

求めた合力と座標軸の正の向きなどに注意して，運動方程式に代入する．力の大きさが一定なので，質量で割れば加速度が求まる．

▶▶ 速度を求める

加速度は速度の時間微分なので，加速度を時間で積分することで速度を求める．このとき，積分定数が初速度である．

▶▶ 位置を求める

速度は位置座標の時間微分なので，速度を時間で積分することで位置座標を求める．このとき，積分定数が初期位置である．

以上の手順にしたがい，時間の関数として求まった位置座標が運動方程式の解である．実際の問題では，運動方程式の解が得られたあと，個別の条件が与えられるので，それを求めていくことになる．

Q2 初速度の向きと力の作用線が一致している場合，物体の運動は x 軸のみで表現できることを説明せよ．

例題 18

物体にはたらく力の合力 F [N] が一定で，初速度 v_0 [m/s] と同じ向きを向いている場合，運動方程式の解はどのように表されるか．

解説 力の向きと初速度の向きが一致しているので，直線上の運動となる．したがって，x 軸をとると式 (6.2) は

$$a = \frac{F}{m}$$

と表される．初速度 v_0 としてこれを時間 t [s] で積分すると

$$v(t) = \left(\frac{F}{m}\right) t + v_0$$

となり，物体の初期位置を x_0〔m〕とおいて積分すれば

$$x(t) = \frac{1}{2}\left(\frac{F}{m}\right)t^2 + v_0 t + x_0$$

となる．x が時間 t の関数として得られたので，これが運動方程式の解である．

▶ 6.4 重力による運動

地球上では，物体に必ず重力がはたらいている．質量 m〔kg〕の物体に作用する重力の大きさは，重力加速度の大きさを g〔m/s^2〕として mg と表されることから，式 (6.2) より，物体に生じる加速度の大きさ a〔m/s^2〕は

$$a = g \tag{6.3}$$

となる．つまり，重力のみを受けて運動する物体に生じる加速度は，物体の質量によらず，すべて等しい値だということである．

> 重力質量と慣性質量が等しいことは，必ずしも自明なことではないが，現在の物理学では等しいとされている．

▶▶ 自由落下

重力の作用のみで，物体を静かに落下させるときの運動を**自由落下**とよび，質量 m〔kg〕の小球 A が高さ h〔m〕から自由落下する場合を，つぎのように考えていくことにする．

A にはたらく力は重力のみで，初速度 0 であることから，座標軸は x 軸のみを設定する．つぎに，原点 O と座標軸の向きについては，図 6.2 のように，地面を原点とし上向きに x 軸をとる場合 (a) と，時刻 0 で A のいる位置を原点とし下向きに x 軸をとる場合 (b) を考える．

> 静かにとは，初速度 0 を意味する言葉で，初速度が 0 でない場合は自由落下とはよばない．

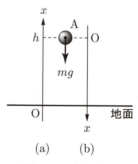

図 6.2: 自由落下

A にはたらく力 F〔N〕は，(a) では座標軸と力の向きが逆なので $F = -mg$ となり，(b) では座標軸と同じ向きなので $F = mg$ と表される．これより，加速度を a〔m/s^2〕とおくと，運動方程式は

$$\begin{align} \text{(a)} \quad & ma = -mg \\ \text{(b)} \quad & ma = mg \end{align} \tag{6.4}$$

となり，加速度は

$$\begin{align} \text{(a)} \quad & a = -g \\ \text{(b)} \quad & a = g \end{align} \tag{6.5}$$

となる．加速度は時間 t [s] と速度 v [m/s] を用いて $a = \dfrac{dv}{dt}$ と表されるので，積分定数（初速度）を 0 として t で積分すると

$$
\begin{aligned}
&\text{(a)} \quad v = -gt \\
&\text{(b)} \quad v = gt
\end{aligned}
\tag{6.6}
$$

となる．さらに，速度は位置座標 x [m] を用いて $v = \dfrac{dx}{dt}$ と表されるので，積分定数（初期位置）の違いを考慮して t で積分すると

$$
\begin{aligned}
&\text{(a)} \quad x = -\frac{1}{2}gt^2 + h \\
&\text{(b)} \quad x = \frac{1}{2}gt^2
\end{aligned}
\tag{6.7}
$$

となり，これが運動方程式の解である．解が得られたあとは個別の条件による問題となる．

例題 19

図 6.2 において，A が落下し始めてから地面に衝突するまでの時間と衝突直前の A の速さを求めよ．

解説 運動方程式の解である式 (6.6) および式 (6.7) により，任意の時刻 t における速度 v と位置 x がわかっている．

この問題での個別の条件とは，「A が落下する」ということである．これは座標のとり方により，つぎのように表される．

$$
\begin{aligned}
&\text{(a)} \quad x = 0 \\
&\text{(b)} \quad x = h
\end{aligned}
\tag{6.8}
$$

式 (6.8) を式 (6.7) に代入して，この条件が満たされる時刻 t_f [s] を求めると，(a) と (b) ともに

$$
t_f = \sqrt{\frac{2h}{g}}
\tag{6.9}
$$

となる．これは，どちらの座標をとっても落下に要する時間は同じであるので，当然の結果である．さらに，落下時間がわかったので，これを式 (6.6) に代入してその時刻における速度を求めると

$$
\begin{aligned}
&\text{(a)} \quad v = -\sqrt{2gh} \\
&\text{(b)} \quad v = \sqrt{2gh}
\end{aligned}
\tag{6.10}
$$

となる．符号の違いはベクトルとしての速度の向きの違いであり，大きさとしての速さはともに $\sqrt{2gh}$ で等しくなる． ∎

Q3 10 m の高さから小球 A を自由落下させたとき，A が地面に落下するまでにかかる時間とそのときの速さはいくらか．ただし，重力加速度の大きさを $9.8\,\text{m/s}^2$ とする．

▶Q4 小球 A が自由落下するとき，地面に落下するまでに 4.0 秒かかった．このとき，A が落下を始めた高さはいくらか．また，落下時の A の速さはいくらか．ただし，重力加速度の大きさを $9.8\,\mathrm{m/s^2}$ とする．

▶▶ 鉛直投げ上げ

地面から質量 $m\,\mathrm{[kg]}$ の小球 A に対して鉛直上向きに初速度 $v_0\,\mathrm{[m/s]}$ を与えて，A を投げ上げる場合を考える．

A に作用している力は重力のみを考え，図 6.3 のように，地面を原点 O とし上向き x 軸をとる．

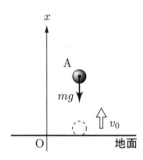

図 6.3：鉛直投げ上げ

運動方程式で解く運動とは，時刻 0 で初速度が与えられた直後からの運動である．つまり，運動方程式を立てるときには，初速度を与えるために加えられた力については考えない．したがって，図 6.3 の場合は，加速度を $a\,\mathrm{[m/s^2]}$ および重力加速度の大きさを $g\,\mathrm{[m/s^2]}$ とおいて，つぎのようになる．

$$ma = -mg \tag{6.11}$$

加速度は

$$a = -g \tag{6.12}$$

なので，初速度 v_0 を積分定数として時間 t で積分すると

$$v(t) = -gt + v_0 \tag{6.13}$$

となる．また，初期位置 0 なので時刻 t における位置座標は

$$x(t) = -\frac{1}{2}gt^2 + v_0 t \tag{6.14}$$

と求まる．

例題 20

図 6.3 で，A を投げ上げてからもっとも高くなるまでの時間とその高さはいくらか．

解説 運動方程式の解は，式 (6.13) と式 (6.14) で，時刻 t における速度と位置がわかっている．

この問題での個別の条件とは，「A がもっとも高くなる」ことである．下図のように，もっとも高いとは上昇から下降に転ずるところなので，

速度が 0 となる位置である．つまり，条件は

$$v = 0$$

となる．

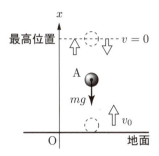

これを式 (6.13) に代入して，この条件が満たされる時刻 t_h 〔s〕を求めると

$$t_h = \frac{v_0}{g}$$

となる．この時刻を式 (6.14) に代入すれば，このときの位置座標が求まる．よって，最高位置は

$$x(t_h) = \frac{v_0{}^2}{2g}$$

と求まる． ∎

Q 5 小球 A を初速度 $5.0\,\mathrm{m/s}$ を与えて地面から鉛直上方へ投げ上げた．このとき，A が地面に落下するまでに要する時間はいくらか．ただし，重力加速度の大きさを $9.8\,\mathrm{m/s^2}$ とする．

Q 6 小球 A を地面から高さ $50\,\mathrm{m}$ の位置まで投げ上げるために必要な，もっとも小さい初速度はいくらか．ただし，重力加速度の大きさを $9.8\,\mathrm{m/s^2}$ とする．

▶▶ **斜面上の運動**

図 6.4(a) のように，水平と角度 θ 〔度〕をなすなめらかな斜面上に，質量 m 〔kg〕の小物体 A を静かに置いたときの運動を考える．

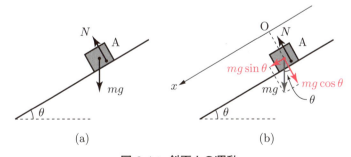

図 6.4：斜面上の運動

A に作用している力は，重力と垂直抗力のみであり，図 6.4(b) のように，重力を斜面に平行な方向と斜面に垂直な方向に分解する．斜面に垂直な方

向に A は動くことができないので，力はつり合いの関係にあり，

$$N = mg\cos\theta$$

となる．これより，A に作用する力の合力は，斜面に平行な向きに分解された重力で与えられる．A の初期位置を原点 O とする斜面下向きを x 軸とすれば，運動方程式は加速度を a [m/s²] として

$$ma = mg\sin\theta$$

となるので，加速度は次式で与えられる．

$$a = g\sin\theta$$

初速度 0 なので，時間 t [s] で積分すると，速度がつぎのように求まる．

$$v(t) = gt\sin\theta$$

また，初期位置 0 なので，時間 t [s] で積分して位置座標を求めると

$$x(t) = \frac{1}{2}gt^2\sin\theta$$

となる．

> **例題 21**
>
> 図のように，水平と角度 θ [度] をなすなめらかな斜面上で水平面から高さ h [m] の位置に，小物体 A を静かに置いたところ，A は斜面をすべり下りた．A が水平面に到達するまでに要する時間はいくらか．また，そのときの速度はいくらか．ただし，重力加速度の大きさを g [m/s²] とする．
>
>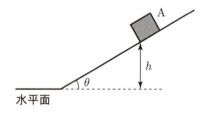

> 側注：物体が動けないような制約がついていることを拘束条件という．

解説 A の初期位置を原点 O とし，斜面下方を向いた x 軸をとると，A の質量 m [kg]，加速度の大きさ a [m/s²] として，運動方程式は

$$ma = mg\sin\theta$$

となる．初速度 0，初期位置 0 として，運動方程式を解くと

$$v(t) = gt\sin\theta, \quad x(t) = \frac{1}{2}gt^2\sin\theta$$

となる．A が水平面に到達するとは，位置座標が $x = \dfrac{h}{\sin\theta}$ であればよい．したがって，これを運動方程式の解に代入して，到達時刻 t_f [s]

を求めると

$$t_f = \frac{1}{\sin\theta}\sqrt{\frac{2h}{g}}$$

となるので，速度は斜面下方に対して大きさ

$$v(t_f) = \sqrt{2gh}$$

である． ∎

▶▶ 斜方投射

図 6.5 のように，質量 m〔kg〕の小球 A に，水平と角度 θ〔度〕をなす斜め上方へ初速度 $\vec{v}_0$〔m/s〕で投げ上げ，重力のみの作用で行う運動を考える．

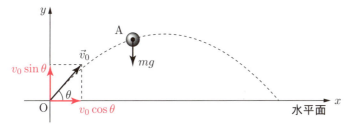

図 6.5：斜方投射

このとき，初速度の方向とはたらく力（重力）の向きが異なるので，座標は A の初期位置を原点 O とする $x\text{-}y$ 座標をとる．A にはたらく力 $\vec{F}$〔N〕は，重力加速度の大きさを g〔m/s^2〕とすると，

$$\vec{F} = (\,0,\,-mg\,)$$

と表されるので，A の加速度を $\vec{a}$〔m/s^2〕として，運動方程式を成分表示すると

$$\begin{cases} ma_x = 0 \\ ma_y = -mg \end{cases} \quad (6.15)$$

となる．これより，加速度は

$$\begin{cases} a_x = 0 \\ a_y = -g \end{cases} \quad (6.16)$$

である．初速度 $\vec{v}_0 = (\,v_0\cos\theta,\,v_0\sin\theta\,)$ を積分定数として，式 (6.16) を時間 t〔s〕で積分すると

$$\begin{cases} v_x(t) = v_0\cos\theta \\ v_y(t) = -gt + v_0\sin\theta \end{cases} \quad (6.17)$$

となる．また，式 (6.17) を t で積分すると，初期位置が原点なので，位置座標は

$$\begin{cases} x(t) = v_0 t\cos\theta \\ y(t) = -\dfrac{1}{2}gt^2 + v_0 t\sin\theta \end{cases} \quad (6.18)$$

運動方程式の解は任意の時刻 t における位置座標を与えているが，式 (6.18) から時間の情報を消去すると，

$$y = x\tan\theta - \frac{g}{2v_0{}^2\cos^2\theta}\cdot x^2 \tag{6.19}$$

となり，x と y の関係だけとなる．これは時間については問わないが，どの位置を物体が運動するかを表現しており，物体の**軌跡**や**軌道**などとよばれる．式 (6.19) のように，y が x の 2 次関数で与えられるような斜方投射による軌道のことを**放物線**とよぶ．

▶ Q7 式 (6.19) を確認せよ．

例題 22

図 6.5 において，A の**もっとも高くなるときの高さと落下地点までの距離**はいくらか．

解説 もっとも高くなるという条件は，y 方向の速度 0 で表現されるので，式 (6.17) の $v_y = 0$ からそのときの時刻 t_h [s] を求めると

$$t_h = \frac{v_0\sin\theta}{g}$$

となる．これを式 (6.18) の y に代入して，そのときの高さ $y(t_h)$ が

$$y(t_h) = \frac{v_0{}^2\sin^2\theta}{2g}$$

と求まる．

また，落下するという条件は，y 座標が 0 で表現されるので，式 (6.18) で $y=0$ より落下時刻 t_f [s] を求めると

$$t_f = \frac{2v_0\sin\theta}{g}$$

となり，これを式 (6.18) の x に代入して距離 $x(t_f)$ が

$$x(t_f) = \frac{2v_0{}^2\sin\theta\cos\theta}{g}$$

と求まる． ∎

> 落下するまでに要する時間は，最高点に達する時間のちょうど 2 倍である．

▶ Q8 図 6.5 で，A が落下したときの速さはいくらか．

章末問題

問 1 なめらかな水平面上に静止している質量 m [kg] の小物体に，一定の大きさ F [N] の力を加え続けて運動させた．

(a) A に生じた加速度の大きさはいくらか．
(b) 力を加え始めた時刻を 0 とすると，時刻 t [s] での A の速さはいくらか．
(c) A が距離 L [m] だけ移動するのにかかる時間はいくらか．

問 2 図のように，水平面と角度 θ [度] をなすあらい斜面上に，質量 m [kg] の小物体 A を静かに置いたところ，A は斜面上をすべり下り始めた．ただし，重力加速度の大きさを g [m/s^2] とし，A と斜面との間の動摩擦係数を μ' とする．

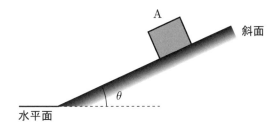

(a) 斜面下方に加速度 a [m/s^2] で運動したとすると，A の運動方程式はどう表されるか．
(b) A が水平面に達するのに時間 T [s] だけ要したとすると，A がはじめにいた場所の水平面からの高さはいくらか．

問 3 図のように，ある建物の屋上から小球 A を自由落下させる．このとき，A が落下しているようすを窓から見られる時間は何秒あるか．ただし，重力加速度の大きさを $9.8 \, \mathrm{m/s^2}$ とする．

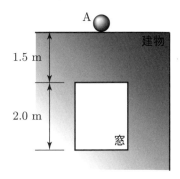

問 4 図のように，水平面から初速度 v [m] で鉛直上方へ小球 A を投げ上げると同時に，A の直上で高さ h [m] から小球 B を自由落下させる．ただし，重力加速度の大きさを g [m/s^2] とする．

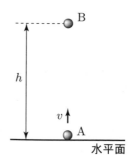

(a) AとBが衝突するまでにかかる時間はいくらか．
(b) AとBが衝突する水平面からの高さはいくらか．

問5 図のように，小球を原点Oから3種類の初速度 $\vec{v}_A$ [m/s] と $\vec{v}_B$ [m/s] と $\vec{v}_C$ [m/s] を与えて投射したところ，すべて最高点の高さが等しかった．ここで，投げ上げから落下までに要した時間を，それぞれ t_A [s] と t_B [s] と t_C [s] とする

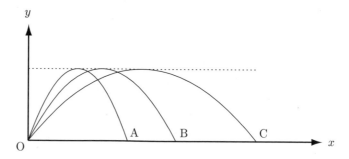

(a) t_A と t_B と t_C の大小関係を求めよ．
(b) v_A と v_B と v_C の大小関係を求めよ．

問6 図のように，水平面から高さ h [m] の台の端から小球Aを水平に射出し，台の端から水平距離で L [m] 先の水平面上の点Pに落下させたい．このとき，Aを射出する速さをいくらにすればよいか．ただし，重力加速度の大きさを g [m/s²] とする．

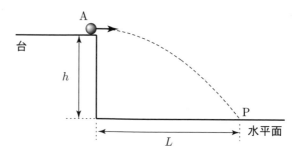

第7章 いろいろな運動1

― この章の到達目標 ―
☞ ひもでつながれた物体の運動を理解する
☞ 摩擦があるときの物体の運動を理解する
☞ 落下する物体に対する空気抵抗の影響を理解する

物体にひもがついていると，物体はひもから張力を受けるが，張力の大きさはあらかじめ与えられるものではなく，2次的に決定されることを，運動方程式を解きながら学習する．また，運動を妨げる効果として，摩擦力や空気抵抗を取り上げ，物体の運動にどういった影響があるかを学習する．

▶ 7.1 張力がある運動

物体にたるんでいないひもがついているとき，物体はひもから張力を受けている．このようなとき，物体がどのような運動をするのか考えてみる．

▶▶ 1つの物体の場合

図 7.1 のように，なめらかな水平面上に質量 m [kg] の小物体 A を置き，A に軽いひもをつけて大きさ F [N] の力で水平にひもを引きつづけたときの A の運動を考える．

物体ではなく小物体としているのは，大きさを考えず，力のモーメントを無視するという意味である．

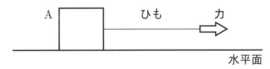

図 7.1: 張力による運動

重力加速度の大きさを g [m/s²] として，A とひもについて作用している力を描くと，図 7.2 のようになる．ただし，矢印が重ならないように，作用点をずらして描いてある．ここでは，あらかじめ与えられている mg と F 以外の，ひもの張力の大きさ T [N]，A がひもを引く力の大きさ F' [N]，垂直抗力の大きさ N [N] などは，すべて新たに文字をおいている．

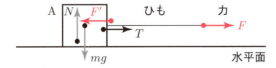

図 7.2: 作用する力のようす

ひもは軽いので力のつり合いを考えると $F = F'$ となり，作用反作用の

ひもに質量があると，ひもの運動方程式を考える必要が出てくる．

関係より $T = F'$ である．つまり，張力はひもを引く力で与えられ，

$$T = F \tag{7.1}$$

である．また，A は鉛直方向には動けないので $N = W$ となり，水平面上を運動するような場合，鉛直方向の力については考える必要はない．ただし，摩擦力の影響を考えるときには，あとで扱うように垂直抗力の大きさは必要となる．

A に作用する力の合力は，最終的にひもの張力だけであり，加えた力の方向を x 軸にとり，加速度を $a\,[\mathrm{m/s^2}]$ とおくと，運動方程式は

$$ma = F \tag{7.2}$$

となる．F が一定でない場合には a が一定とはならないため，解法が難しくなるのでここでは考えない．あとは**初期条件**（初速度と初期位置）を考慮して，これを解けばよい．

Q1 図 7.1 で，はじめ静止していた質量 5.0 kg の A を，大きさ 10 N でひもを引きつづけたとき，2.0 秒後の A の速さはいくらか．

▶▶ 2 つの物体の場合

図 7.3 のように，なめらかな水平面上に軽いひもでつながれた質量 $m\,[\mathrm{kg}]$ の小物体 A と質量 $M\,[\mathrm{kg}]$ の小物体 B を置き，さらに A に軽いひもをつけて大きさ $F\,[\mathrm{N}]$ の力で水平に引きつづけたときの運動を考える．

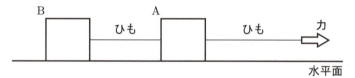

図 7.3：連結された物体の運動

鉛直方向については省略して，A と B に作用している力を矢印で描くと，図 7.4 のようになる．ただし，AB 間のひもが及ぼす張力の大きさをともに $T\,[\mathrm{N}]$ とおいた．

作用点が A と B にあるもののみを描画

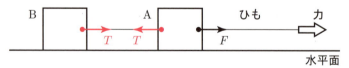

図 7.4：2 つの小物体にはたらく力のようす

複数の物体がある場合の運動方程式を立てるには，それぞれ別々にはたらく力を特定して，別々の運動方程式とすることである．つまり，A の運動方程式に必要な力は A に作用点のある力のみであり，B の運動方程式に必要な力は B に作用点のある力のみである．

ひもを引く力の方向を x 軸にとり，加速度を $a\,[\mathrm{m/s^2}]$ とおけば，A と B

のそれぞれの運動方程式は

$$A: ma = F - T \\ B: Ma = T \qquad (7.3)$$

となる．式 (7.3) の辺々を足し算すると T が消えるので，a がつぎのように求まる．

$$a = \frac{F}{m+M} \qquad (7.4)$$

加速度が求まったので，あとは初期条件にしたがい速度，位置などを解けばよい．

また，式 (7.4) を式 (7.3) に代入して T を求めると

$$T = \frac{MF}{m+M} \qquad (7.5)$$

となる．

図 7.4 では，A と B とひもとを別々に考えているが，AB 間のひもがたるまないとすれば A と B と AB 間のひもは一体として考えることもできる．図 7.5 のように，3 つを一体として考えたとき，注目している 3 つのことを **系** とよび，系の内部ではたらいているひもの張力 T のような力のことを **内力** とよぶ．一方，A についているひもを通して加えた力は，系の外から加えられているので **外力** とよぶ．

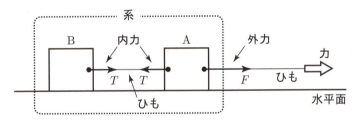

図 7.5：系の内力と外力

系全体の運動を考えるときには，図 7.5 のように，内力は必ず打ち消し合うペアとして存在するため，外力のみを考えればよいことがわかる．詳しくは，質点系の運動を扱うときにあらためて考える．

系として考えると，系の質量は $m+M$ であり，外力が F なので，加速度を a とすれば運動方程式は

$$(m+M)a = F \qquad (7.6)$$

となり，a は式 (7.4) と等しく求まる．ただし，系として考えると，内力は考えないので T を求めることはできない．そのため，T を求める場合には個別に運動を考える必要がある．

Q2 図 7.3 で，AB 間のひもの張力の大きさは，A の質量と B の質量と，どちらが大きいほうが大きくなるか．

Q3 図 7.3 で，A の質量が 500 g で B の質量が 300 g であったとする．引く力の大きさが 4.0 N のとき，A と B の加速度の大きさはいくらか．また，ひもの張力の大きさはいくらか．

7.2 滑車を利用した運動

図 7.6 のように,質量 m [kg] の小物体 A と質量 M [kg] の小物体 B を軽いひもでつなぎ,天井に固定された滑車にかけたときの運動を考える.このような滑車は**定滑車**とよばれ,かけられたひもの力の大きさを変えずに,向きだけを変える役割を果たす.

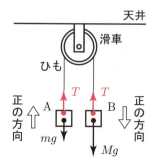

図 7.6: 滑車を使った物体の運動

ひもは伸び縮みせずにひとつの方向に運動するので,その向きを座標軸の正の向きとする.ただ,滑車によって向きが変えられているため,A と B では正の向きが異なることになり,それぞれ矢印の向きに加速度 a [m/s²] で運動すると考える.

このとき,ひもの張力の大きさを T [N],重力加速度の大きさを g [m/s²] とすれば,A と B の運動方程式は

$$\begin{aligned} \text{A} &: ma = T - mg \\ \text{B} &: Ma = Mg - T \end{aligned} \quad (7.7)$$

となる.式 (7.7) の辺々を加えることで T を消去し,加速度がつぎのように求まる.

$$a = \frac{M - m}{M + m} \cdot g \quad (7.8)$$

式 (7.8) より,$M > m$ のとき $a > 0$ となるので,設定した座標軸の向きに運動するが,$M < m$ のとき $a < 0$ となるので,設定した座標軸の向きとは反対に運動することがわかる.

式 (7.8) を式 (7.7) に代入して T を求めると,

$$T = \frac{2mM}{M + m} \cdot g \quad (7.9)$$

となる.

> 向きは異なっても,ひもが伸縮しないので,A と B の加速度の大きさは等しい.

> 最初の座標軸の向きは任意でよく,この段階でどちらを正にした方がよかったかがわかる.

Q4 図 7.6 で,AB 間のひもの張力の大きさは,A の質量と B の質量と,どちらが大きいほうが大きくなるか.

Q5 図 7.6 で,A の質量が 300 g で B の質量が 500 g であったとすると,A と B の加速度の大きさはいくらか.また,ひもの張力の大きさはいくらか.ただし,重力加速度の大きさを 9.8 m/s² とする.

例題 23

図のように，それぞれ質量が m [kg] と M [kg] の小物体 A と B を軽いひもでつなぎ，水平な台の端についている滑車にかけて A を台の上のなめらかな面上に静かに置き，B はつり下げたところ，B は水平面から高さ h [m] にあった．A と B の支えをなくすと，A と B は動き出した．このとき，B が水平面に落下するのに要する時間はいくらか．ただし，$m < M$ とし，重力加速度の大きさを g [m/s^2] とする．

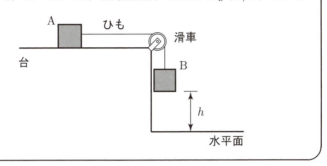

解説 ひもが張られている方向で A と B に作用している力を描くと，図のようになる．

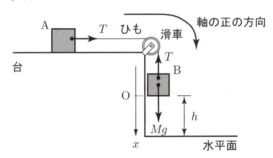

ひもの張力の大きさを T [N] とおくと，ひもの両端では等しく T がそれぞれの小物体に作用しており，図の矢印の向きを座標軸の正の向きとして，加速度を a [m/s^2] とすると，運動方程式は

$$\begin{aligned} \text{A} &: ma = T \\ \text{B} &: Ma = Mg - T \end{aligned} \quad (7.10)$$

と表される．辺々を加えて T を消去すると加速度が求まり

$$a = \frac{M}{M+m} \cdot g \quad (7.11)$$

となる．

つまり，B は初速度 0 で高さ h から式 (7.11) で与えられる加速度で落下することになる．図のように，B の最初の位置を原点とする下向き x 軸をとれば，時間 t [s] で a を積分して速度 v [m/s] が

$$v(t) = \frac{M}{M+m} \cdot gt$$

となり，さらに時間 t [s] で v を積分して位置座標 x [m] が，つぎのようになる．

$$x(t) = \frac{M}{2(M+m)} \cdot gt^2 \tag{7.12}$$

水平面に落下するという条件は $x = h$ で表されるので，式 (7.12) に代入して落下時刻 t_f [s] を求めると

$$t_f = \sqrt{\frac{2(M+m)h}{Mg}}$$

となる．

▶ 7.3 摩擦力がある運動

面上を運動する物体に対して，運動を妨げるはたらきをするものが面と物体との間にはたらく動摩擦力である．そして，動摩擦力は運動を妨げる向きに作用することから，運動方向とは逆を向いている．

図 7.7 のように，なめらかな水平面上を x 軸の正の向きに速度 v_0 [m/s] で運動している質量 m [kg] の物体 A が，原点 O からあらい水平面に入り，動摩擦力の作用により距離 L [m] だけ移動して静止したとする．

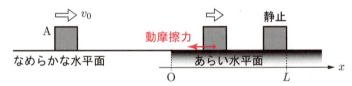

図 7.7: 摩擦力による運動

水平面と A との間の動摩擦係数を μ' とすれば，水平面から受ける A の垂直抗力は重力と等しいので，重力加速度の大きさを g [m/s^2] とすれば，$\mu' mg$ と表される．図 7.7 のように，A にはたらく合力は動摩擦力のみなので，加速度を a [m/s^2] とおいて運動方程式を立てると，つぎのようになる．

$f = \mu' N$

$$ma = -\mu' mg \tag{7.13}$$

式 (7.13) で表されるのは A が原点 O を通過した直後からなので，そのときを時刻 0 とすると，初速度は v_0 で初期位置が 0 となる．加速度は

$$a = -\mu' g \tag{7.14}$$

なので，これを時間 t [s] で積分して，速度 v [m/s] と位置座標 x [m] を求めると，

$$v(t) = -\mu' gt + v_0 \tag{7.15}$$

および

$$x(t) = -\frac{1}{2}\mu' gt^2 + v_0 t \tag{7.16}$$

となる.Aが静止するとは$v=0$のことなので,式(7.15)に代入し静止する時刻t_s〔s〕を求めると

$$t_s = \frac{v_0}{\mu' g} \tag{7.17}$$

となるので,これを式(7.16)に代入するとLは,つぎのように表される.

$$L = \frac{v_0{}^2}{2\mu' g} \tag{7.18}$$

Q6 図7.7で,Aがなめらかな水平面上を運動する速さを2.0 m/s,Aとあらい水平面との間の動摩擦係数を0.3とすると,静止するまでに移動した距離はいくらか.ただし,重力加速度の大きさを9.8 m/s²とする.

例題 24

図のように,水平と角度θ〔度〕をなすあらい斜面上の高さh〔m〕の位置に,質量m〔kg〕の小物体Aを静かに置いたところ,Aは斜面をすべり下りた.このとき,Aが斜面下端に到達するまでに要する時間はいくらか.ただし,重力加速度の大きさをg〔m/s²〕とし,Aと斜面との間の動摩擦係数をμ'とする.

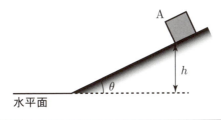

解説 Aに作用しているのは,下向き重力mg〔N〕,斜面と垂直な垂直抗力N〔N〕,斜面上方への動摩擦力$\mu' N$〔N〕であり,図示すると下のようになる.

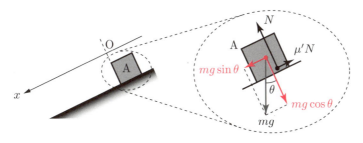

重力を斜面に平行な方向と斜面に垂直な方向へ分解し,斜面に垂直な方向は拘束されていてつり合っているため,

$$N = mg\cos\theta$$

となることがわかる.これより,動摩擦力の大きさは$\mu' mg\cos\theta$と表される.しがって,Aに作用する力の合力は,斜面に下方に$mg\sin\theta - \mu' mg\cos\theta$となる.

A のはじめの位置を原点とする x 軸を斜面下方にとり，加速度を $a\,\mathrm{[m/s^2]}$ とおくと，運動方程式はつぎのようになる．

$$ma = mg\sin\theta - \mu' mg\cos\theta$$

これより，加速度は $a = g(\sin\theta - \mu'\cos\theta)$ となる．初期条件（初速度 0，初期位置 0）を考慮して時間 $t\,\mathrm{[s]}$ で積分すると，速度 $v\,\mathrm{[m/s]}$ と位置座標 $x\,\mathrm{[m]}$ は，

$$v(t) = gt(\sin\theta - \mu'\cos\theta)$$

および

$$x(t) = \frac{1}{2}gt^2(\sin\theta - \mu'\cos\theta)$$

となる．

斜面下端とは x 座標では

$$x = \frac{h}{\sin\theta}$$

と表されるので，これを $x(t)$ に代入して到達時間 $t_a\,\mathrm{[s]}$ は

$$t_a = \sqrt{\frac{2h}{g\sin\theta(\sin\theta - \mu'\cos\theta)}}$$

と求まる．

Q7 上の例題で，A が斜面下端に到達したときの速さはいくらか．

▶ 7.4 空気抵抗がある運動

空気中を運動する物体は，空気と接触することで運動を妨げる効果を受ける．これを**空気抵抗**とよぶ．空気抵抗には，運動する物体の速さに比例する**粘性抵抗**と，速さの 2 乗に比例する**圧力抵抗**の 2 つがある．ここでは，粘性抵抗について取り上げる．

図 7.8 のように，小球 A が下向きに速度 $v\,\mathrm{[m/s]}$ で落下しているとき，粘性抵抗は比例定数を $k\,\mathrm{[N\cdot s/m]}$ として $kv\,\mathrm{[N]}$ と表される．

> 正確には速さだけでなく，物体の大きさや周囲の粘性によって決まる．

> 小さな雨滴がゆっくり落下してくるような場合，粘性抵抗によってその運動はうまく説明されることがわかっている．

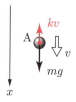

図 7.8: 速さに比例する空気抵抗

x 軸を下向きにとると，A の加速度を $a\,\mathrm{[m/s^2]}$ とおいて，運動方程式は

$$ma = mg - kv \tag{7.19}$$

となる．しかし，式 (7.19) より a を求めると

$$a = g - \frac{k}{m} \cdot v \tag{7.20}$$

となり，速度に依存するため，等加速度運動とはならない．したがって，これまで扱ってきたように単純に時間 t [s] で積分すればよいというわけにはいかない．

式 (7.20) から $v = 0$ では $a = g$ で，はじめ重力加速度によって運動を始めるが，v が大きくなるにつれて a が小さくなることがわかる．そして，ちょうど $a = 0$ となる速度 v_t [m/s] がつぎのように表される．

$$v_t = \frac{mg}{k} \tag{7.21}$$

物体の速度が v_t になると加速度が 0 で速度変化がないため，v_t のまま等速運動となる．この最終的に等速運動となったときの速度のことを**終端速度**とよぶ．

図 7.9 は，式 (7.19) を自由落下の場合に解いて，速度の時間変化のようすを示したものであり，物体は加速しつつもやがて一定の速度に近づいていくことがわかる．

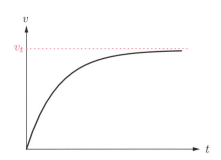

図 7.9： 粘性抵抗があるときの速度の時間変化

粘性抵抗の比例定数 k は，落下する物体が半径 r [m] の球であるとすれば，空気の粘性率を η [Pa·s] とおいて

$$k = 6\pi\eta r \tag{7.22}$$

と表されることがわかっている．これを**ストークスの法則**とよぶ．

球の密度を ρ [kg/m³] とすれば，質量 m は

$$m = \frac{4}{3}\pi r^3 \rho \tag{7.23}$$

と表されるので，式 (7.21) は

$$v_t = \frac{2\rho g}{9\eta} \cdot r^2 \tag{7.24}$$

となる．

> 粘性率は，平行に置かれた 2 枚の板の片方を移動させたときに，もう一方にどのくらいの力が伝わるかで定義される粘り気を表す物理量である．

Q8 粘性抵抗により終端速度になったあと，一定距離を落下するのに要する時間は，粘性率が 2 倍になると何倍になるか．

章 末 問 題

問1 質量 400 g の小球 A をひもでつり下げ，ひもを 5.0 N の力で上向きに引き上げた．このとき，A にはたらく力の大きさはいくらか．また，A の加速度の大きさはいくらか．ただし，重力加速度の大きさを $9.8\,\mathrm{m/s^2}$ とする．

問2 図のように，なめらかな水平面上に，それぞれ質量が m_a [kg]，m_b [kg]，m_c [kg] の小物体 A と B と C を，軽いひもで連結した状態で置いた．A にはさらに軽いひもをつけて水平に大きさ F [N] の力で引いたところ，A と B と C は一体となって動き出した．

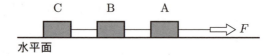

(a) これらの小物体に生じている加速度の大きさはいくらか．
(b) AB 間のひもの張力の大きさはいくらか．
(c) BC 間のひもの張力の大きさはいくらか．

問3 図のように，なめらかな水平面上に質量 M [kg] の小物体 A を置き，その上に質量 m [kg] の小物体 B を載せた．A に軽いひもをつけ大きさ F [N] の力で水平に引いたところ，A と B は一体となって運動した．ただし，重力加速度の大きさを g [m/s^2] とする．

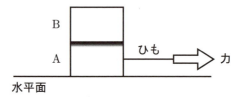

(a) A に生じている加速度の大きさはいくらか．
(b) A と B の間にはたらいている摩擦力の大きさはいくらか．
(c) B が A から落ちないことから，A と B の間の静止摩擦係数に対する条件はどうなるか．

問4 図のように，あらく水平な面をもつ台の上に質量 m [kg] の小物体 A を置き，質量 M [kg] の小球 B と軽いひもでつないで，ひもを台の端に固定された滑車にかけたところ，A と B は一体となって運動した．ただし，重力加速度の大きさを g [m/s^2] とし，A とあらい面との間の動摩擦係数を μ' とする．また，$m < M$ であるとする．

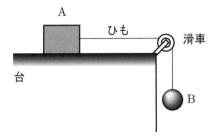

(a) A と B に生じている加速度の大きさはいくらか．
(b) ひもの張力の大きさはいくらか．

問 5 図のように，質量 m [kg] の小物体 A と質量 M [kg] の小球 B を軽いひもでつなぎ，水平と角度 θ [度] をなすあらい斜面の端に固定された滑車に通して，A は斜面上に置き，B は静かにつり下げたところ，B は水平面から高さ h [m] であった．ここで，A と B の支えをなくすと，A と B は一体となって動き始めた．ただし，重力加速度の大きさを g [m/s^2] とし，A と斜面との間の動摩擦係数を μ' とする．また，$m < M$ であるとする．

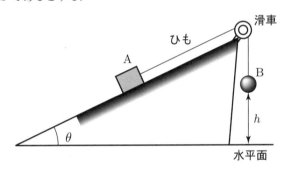

(a) A と B に生じている加速度の大きさはいくらか．
(b) ひもの張力の大きさはいくらか．
(c) B が水平面に達するまでに要する時間はいくらか．
(d) B が水平面に達する直前の B の速さはいくらか．

問 6 図のように，ばね定数 k [N/m] の軽いばねの一端に軽いひもをつけ，ひものもう一端には質量 m [kg] の小物体 A をつけて，天井に固定されている滑車にひもをかけ，ばねの他端には質量 M [kg] の小物体をつけて板の上に置いたところ，A と B は静止した．ただし，重力加速度の大きさを g [m/s^2] とする．

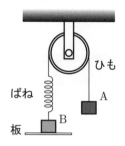

(a) ひもの張力の大きさはいくらか.
(b) ばねの伸びはいくらか.
(c) B が板から受ける垂直抗力の大きさはいくらか.

問7 図のように,軽いひもで質量 m [kg] の小物体 A と質量 M [kg] の小球 B をつなぎ,水平と角度 θ [度] をなすあらい斜面上の端に固定された滑車にひもを通して,A は斜面上に置き,B は静かにつり下げる.このとき,A と B が静止しているために M が満たすべき条件を求めよ.ただし,重力加速度の大きさを g [m/s^2] とし,A と斜面との間の静止摩擦係数を μ とする.

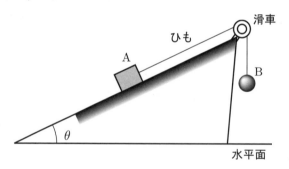

問8 速さに比例する空気抵抗を受けて落下する粒子がある.この粒子が一定の距離を落下するのに必要な時間は,粒子の密度が半分になるとどれだけかかるか.また,半径が半分になると,その時間はどうなるか.

第8章 三角関数

この章の到達目標

- ☞ 弧度法による角度の表し方に慣れる
- ☞ 三角関数の基本的な性質を理解する
- ☞ 三角関数の微分と積分を理解する

第1章で取り上げた三角比を一般化し，関数として扱うことで，微分や積分ができるようになる．これは，このあと登場する円運動や単振動といった運動を扱うのに重要な役割を果たす．また，三角関数を導入するにあたり，角度を弧の長さで表現する方法を学び，数値として容易に扱えるようにする．

▶ 8.1 弧度法

図8.1のように，角度を測るのに用いる〔度〕とは，円周を360等分した弧をもつ扇形の中心角を単位とした測り方であり，**度数法**とよばれる．

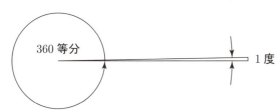

図 8.1：度数法

しかし，いろいろな計算をする上で都合がよくない性質をもっているため，ここで新たな角度の測り方を導入する．

図8.2(a)のように，扇形の中心角と弧の長さは比例関係にあるので，弧の長さで角度の大きさを評価することができる．

三角関数の微分を考えるときに必要となる極限操作において，度数法ではなく弧度法を用いないと計算が厄介になる．

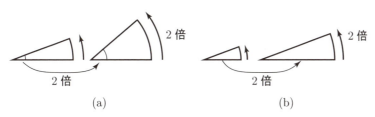

図 8.2：弧度法

しかし，図8.2(b)のように，弧の長さは半径にも比例するので，単位半径当たりの弧の長さで角度を表すことにする．すなわち，半径 r〔m〕の扇

形の弧の長さが ℓ [m] のとき，$\dfrac{\ell}{r}$ で角度を定量化する．これは，図 8.3 のように，ちょうど $\ell = r$ となる中心角を単位とすることに対応し，これを 1 [rad]（ラジアン）とよぶ．

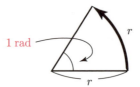

図 8.3: 弧度法の単位

こうすることで，角度 θ [rad] は弧の長さ ℓ を用いて

$$\theta = \frac{\ell}{r} \tag{8.1}$$

と表される．このように，弧の長さを用いて角度を測る方法を**弧度法**とよぶ．これ以降は，特に断らない限り弧度法を用いることとする．

式 (8.1) からわかるように，[rad] は無次元量である．

▶ **Q1** 1 rad を度数法で表すといくらか．

▶ **Q2** 円周の中心角を弧度法で表すといくらか．

▶ 8.2 三角関数

図 8.4 のように，半径 r [m] の半円上に点 P があり，x 軸と OP とのなす角を θ [rad] とする．

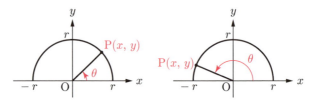

図 8.4: 三角比

このとき，**三角比**は座標値 $P(x, y)$ を用いて，

$$\sin\theta = \frac{y}{r}, \quad \cos\theta = \frac{x}{r}, \quad \tan\theta = \frac{y}{x} \tag{8.2}$$

と表されたが，図 8.5 のように，$\theta > \pi$ でも同じように座標値 $P(x, y)$ で式 (8.2) を考える．

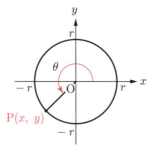

図 8.5: 三角関数

このように，任意の θ の値を与えたときに，$\sin\theta$, $\cos\theta$, $\tan\theta$ の値が決まるようにしたとき，式 (8.2) のことを**三角関数**とよぶ．ただし，$x=0$ となる θ については $\tan\theta$ を定義しないものとする．

また，式 (8.2) の θ は，三角比では角度を表していたが，三角関数では負の値や 2π を超える値をとるような抽象的なものとなった．このように角度の概念を拡張した三角関数における変数 θ のことを**位相**とよぶ．

例題 25

式 (8.2) で与えられる三角関数は，**半径 r によらず位相 θ のみで決まる**ことを確認せよ．

解説 図のように，半径 r の円周上の点 P と n 倍した半径 nr の円周上の点 P$'$ で三角関数を考えてみると，半径が n 倍されたことで点 P$'$ の座標値も n 倍されている．

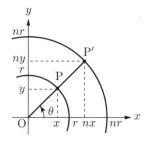

したがって，点 P$'$ で $\sin\theta$ を考えると
$$\sin\theta = \frac{ny}{nr} = \frac{y}{r}$$
となり，点 P での値と等しくなる．$\cos\theta$ や $\tan\theta$ も同様であり，**半径が変わっても三角関数の値は変わらない**．　∎

▶▶ 三角関数の基本性質 1

三角比から三角関数への一般化では，角度の概念は位相となり，関数の値は辺の比から座標値によるものへと抽象化される．例えば，図 8.6 のように，OP と x 軸とのなす角 θ は，円周を 1 回まわってももどれば θ のままだが，位相は 2π ずつ増える．このとき，点 P の座標値は等しいので三角関数の値は変わらない．

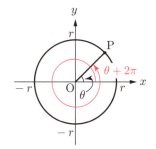

図 8.6: 回転と位相

一般に，n 回転したときの位相 $\theta + 2\pi n$ に対して，三角関数の値は変化しないので，つぎの関係が成り立つ．

$$\sin(\theta + 2\pi n) = \sin\theta, \quad \cos(\theta + 2\pi n) = \cos\theta, \quad \tan(\theta + 2\pi n) = \tan\theta \tag{8.3}$$

▶▶ 三角関数の基本性質2

図8.7のように，位相 θ は，x 軸から原点 O の周りを反時計回りに回る方向を正の向きとしており，時計回りに回る方向は負の値として考える．

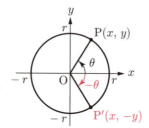

図 8.7：負の位相

ある値 θ だけ正の向きに進んだ点 P と負の向きに進んだ点 P' では，x 座標は等しく，y 座標だけ正負が異なるので，三角関数の値については，つぎの関係が成り立つ．

$$\sin(-\theta) = -\sin\theta, \quad \cos(-\theta) = \cos\theta, \quad \tan(-\theta) = -\tan\theta \tag{8.4}$$

▶Q3 式 (8.4) を確認せよ．

例題 26

$\theta = -\dfrac{2\pi}{3}$ のとき，$\sin\theta$, $\cos\theta$, $\tan\theta$ のそれぞれの値はいくらか．

半径 1 の円を<u>単位円</u>とよぶ．

解説 円の半径を $r = 1$ として考えると，θ は図のように表され，点 P の座標は $P\left(-\dfrac{1}{2}, -\dfrac{\sqrt{3}}{2}\right)$ となる．

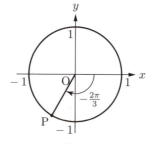

したがって，$x = -\dfrac{1}{2}$, $y = -\dfrac{\sqrt{3}}{2}$, $r = 1$ を式 (8.2) へ代入すると

$$\sin\left(-\frac{2\pi}{3}\right) = -\frac{1}{2}, \quad \cos\left(-\frac{2\pi}{3}\right) = -\frac{\sqrt{3}}{2}, \quad \tan\left(-\frac{2\pi}{3}\right) = \sqrt{3}$$

となる．

▶▶ **三角関数の基本性質 3**

図 8.8 のように，位相が θ である点 P とそこから π [rad] だけ位相を進めた点 P′ での三角関数の値を比較する．

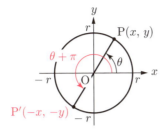

図 8.8: $\theta + \pi$ の三角関数

P→P′ では，ちょうど円を半周回ったところであり，座標値の正負が反転したものとなっている．これを式 (8.2) に代入すると，つぎの関係が成り立つことがわかる．

$$\sin(\theta+\pi) = -\sin\theta, \quad \cos(\theta+\pi) = -\cos\theta, \quad \tan(\theta+\pi) = \tan\theta \quad (8.5)$$

▶ **Q4** 式 (8.5) を確認せよ．

― 例題 27 ―――――――――――――――――――
次式を確認せよ．
$$\sin(\pi-\theta) = \sin\theta, \quad \cos(\pi-\theta) = -\cos\theta, \quad \tan(\pi-\theta) = -\tan\theta$$
――――――――――――――――――――――

解説　式 (8.5) で $\theta \to -\theta$ と置き換えると

$$\sin(-\theta+\pi) = -\sin(-\theta), \quad \cos(-\theta+\pi) = -\cos(-\theta),$$
$$\tan(-\theta+\pi) = \tan(-\theta)$$

となる．さらに，式 (8.4) を利用してそれぞれの右辺を書き変えれば導くことができる． ∎

▶▶ **三角関数の基本性質 4**

図 8.9 のように，位相が θ である点 P とそこから $\dfrac{\pi}{2}$ [rad] だけ位相を進めた点 P′ での三角関数の値を比較する．

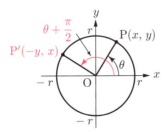

図 8.9: $\theta + \dfrac{\pi}{2}$ の三角関数

PとP′では，x 座標と y 座標の入れ替えが起こっており，これを式 (8.2) に代入すると，つぎの関係が成り立つことがわかる．

$$\sin\left(\theta+\frac{\pi}{2}\right)=\cos\theta, \quad \cos\left(\theta+\frac{\pi}{2}\right)=-\sin\theta,$$
$$\tan\left(\theta+\frac{\pi}{2}\right)=-\frac{1}{\tan\theta} \tag{8.6}$$

▶Q5 式 (8.6) を確認せよ．

例題 28

次式を確認せよ．

$$\sin\left(\frac{\pi}{2}-\theta\right)=\cos\theta, \quad \cos\left(\frac{\pi}{2}-\theta\right)=\sin\theta,$$
$$\tan\left(\frac{\pi}{2}-\theta\right)=\frac{1}{\tan\theta}$$

解説 式 (8.6) で $\theta\to-\theta$ と置き換えると

$$\sin\left(-\theta+\frac{\pi}{2}\right)=\cos(-\theta), \quad \cos\left(-\theta+\frac{\pi}{2}\right)=-\sin(-\theta),$$
$$\tan\left(-\theta+\frac{\pi}{2}\right)=-\frac{1}{\tan(-\theta)}$$

となる．さらに，式 (8.4) を利用してそれぞれの右辺を書き変えれば導くことができる． ∎

▶▶ 三角関数の値域

三角関数の値は，点 P が移動する円周の半径にはよらない．そこで，点 P を半径 r の円周上の点だとすれば，位相 θ がいくらであっても，点 P の座標値 x と y には $-r\leq x\leq r$ および $-r\leq y\leq r$ の制限がかかる．すると，$\sin\theta$ と $\cos\theta$ のとれる値の範囲（値域）は，つぎのように限られる．

> 値域に最大値と最小値があることは，あとで単振動を考えるときに利用する．

$$-1\leq\sin\theta\leq 1, \quad -1\leq\cos\theta\leq 1 \tag{8.7}$$

$\tan\theta$ については，図 8.10 のように $x=r$ の直線を用いて考える．

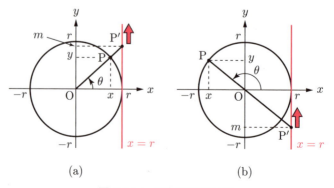

図 8.10: 三角関数の値域

図 8.10(a) は，$0 \leq \theta < \frac{\pi}{2}$ の範囲での点 P を示しており，OP の延長線と $x = r$ の交点を点 P$'$ としている．点 P$'$ の y 座標の値を m とおくと，θ が大きくなるとともに m は無限に大きくなるようすがわかる．

また，図 8.10(b) は，$\frac{\pi}{2} < \theta \leq \pi$ の範囲での点 P を示しており，θ が大きくなるとともに，点 P$'$ の y 座標の値 m は，負の無限大から 0 まで大きくなるようすがわかる．

どちらの場合も，$\tan\theta$ は

$$\tan\theta = \frac{y}{x} = \frac{m}{r} \tag{8.8}$$

と表されるので，$\tan\theta$ の値域は

$$-\infty < \tan\theta < \infty \tag{8.9}$$

となる．

Q6 点 P が $\pi \leq \theta < \frac{3\pi}{2}$ や $\frac{3\pi}{2} < \theta \leq 2\pi$ の範囲でも式 (8.9) が成り立つことを確認せよ．

8.3 三角関数のグラフ

▶▶ $\sin\theta$ のグラフ

$\sin\theta$ のグラフを描こうとすると，式 (8.2) より $y = r\sin\theta$ なので，$r = 1$ である単位円上の点 P の y 座標を縦軸とし，位相 θ が横軸となるように描けばよく，図 8.11 のようになる．

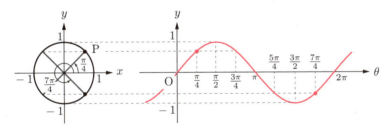

図 8.11：$\sin\theta$ のグラフ

点 P は $\theta = 2\pi$ で元の位置にもどるので，$\sin\theta$ は 2π ごとに同じ形が繰り返される．このような関数を周期関数とよび，繰り返す長さを周期とよぶ．また，$\sin\theta$ の値域が $-1 \leq \sin\theta \leq 1$ なので，sin 関数に係数 A をかけた

$$y = A\sin\theta \tag{8.10}$$

のグラフの値域は $-A \leq y \leq A$ となる．このとき，上下に振れている A の大きさのことを振幅とよぶ．

物理的な例では，円運動や単振動で改めて取り扱う．

▶▶ $\cos\theta$ のグラフ

$\cos\theta$ のグラフは，式 (8.2) より $x = r\cos\theta$ なので，単位円上の点 P のグラフを 90 度回転し，x 軸が縦軸になるようにして θ による変化のようす

を描けばよい．図 8.12 は，改めて縦軸を y として $y = \cos\theta$ の変化のようすを描いたものである．

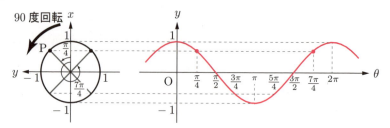

図 8.12：$\cos\theta$ のグラフ

図 8.11 と図 8.12 から，ちょうど $\sin\theta$ と $\cos\theta$ は位相が $\dfrac{\pi}{2}$ [rad] ずれているだけで，グラフは等しい形をしていることがわかる．

▶▶ $\tan\theta$ のグラフ

$\tan\theta$ のグラフは，式 (8.2) より $y = x\tan\theta$ なので，原点 O から単位円上の点 P への延長線と直線 $x = 1$ との交点を P′ としたときの P′ の y 座標を縦軸となるようにして，θ による変化のようすを描けばよい．

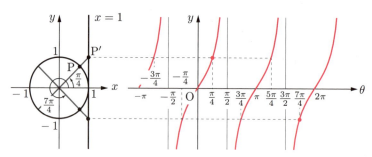

図 8.13：$\tan\theta$ のグラフ

図 8.13 から，n を整数として $\theta = \dfrac{\pi}{2} \pm n\pi$ のところで $\tan\theta$ の値が定義されていないようすがわかる．

Q7 $\tan\theta$ の周期はいくらか．

▶ 8.4 加法定理

図 8.14 のように，単位円上で x 軸から α [rad] 移動した点 P と β [rad] 移動した点 Q の間の距離 PQ を，α と β を用いて表してみる．

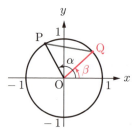

図 8.14：2 点間の距離

点 P と点 Q の座標は，それぞれ P($\cos\alpha, \sin\alpha$) および Q($\cos\beta, \sin\beta$) と表されるので，三平方の定理により

$$\begin{aligned}
\text{PQ}^2 &= (\cos\beta - \cos\alpha)^2 + (\sin\beta - \sin\alpha)^2 \\
&= \cos^2\beta + \cos^2\alpha - 2\cos\alpha\cos\beta + \sin^2\beta + \sin^2\alpha - 2\sin\alpha\sin\beta \\
&= 2 - 2(\cos\alpha\cos\beta + \sin\alpha\sin\beta)
\end{aligned} \quad (8.11)$$

$x = r\cos\theta$
$y = r\sin\theta$

$\sin^2\theta + \cos^2\theta = 1$

となる．

つぎに，図 8.14 の △OPQ の OQ が x 軸と接するように回転させると，図 8.15 のようになる．

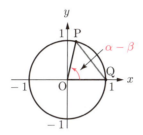

図 8.15：2 点間の距離 2

このとき，点 P の座標は P($\cos(\alpha-\beta), \sin(\alpha-\beta)$) で点 Q は Q($1, 0$) なので，PQ 間の距離は三平方の定理を用いて

$$\begin{aligned}
\text{PQ}^2 &= (1 - \cos(\alpha-\beta))^2 + \sin^2(\alpha-\beta) \\
&= 2 - 2\cos(\alpha-\beta)
\end{aligned} \quad (8.12)$$

となる．式 (8.11) と式 (8.12) はともに PQ^2 なので，2 つの式を等しいとおいて，つぎの関係式が得られる．

$$\cos(\alpha-\beta) = \cos\alpha\cos\beta + \sin\alpha\sin\beta \quad (8.13)$$

式 (8.13) で，$\beta \to -\beta$ と置き換えると

$$\cos(\alpha+\beta) = \cos\alpha\cos\beta - \sin\alpha\sin\beta \quad (8.14)$$

となる．また，式 (8.13) で $\alpha \to \alpha + \dfrac{\pi}{2}$ と置き換えると，式 (8.6) を利用して

$$\begin{aligned}
\cos\left(\alpha - \beta + \frac{\pi}{2}\right) &= \cos\left(\alpha + \frac{\pi}{2}\right)\cos\beta + \sin\left(\alpha + \frac{\pi}{2}\right)\sin\beta \\
\longrightarrow \sin(\alpha-\beta) &= \sin\alpha\cos\beta - \cos\alpha\sin\beta
\end{aligned} \quad (8.15)$$

となり，式 (8.14) で $\alpha \to \alpha + \dfrac{\pi}{2}$ と置き換えると，同じように

$$\begin{aligned}
\cos\left(\alpha + \beta + \frac{\pi}{2}\right) &= \cos\left(\alpha + \frac{\pi}{2}\right)\cos\beta - \sin\left(\alpha + \frac{\pi}{2}\right)\sin\beta \\
\longrightarrow \sin(\alpha+\beta) &= \sin\alpha\cos\beta + \cos\alpha\sin\beta
\end{aligned} \quad (8.16)$$

となる．位相の和と差で与えられる三角関数を，それぞれの位相で与えられるようにした式 (8.13) から式 (8.16) の関係を**加法定理**とよぶ．

Q 8 加法定理を用いて $\sin\left(\dfrac{5\pi}{12}\right)$ の値を求めよ．

8.5 三角関数の微分と積分

▶▶ $\frac{\sin\theta}{\theta}$ の極限

図 8.16 のように，半径が 1 で中心角 θ [rad] の扇形 OPQ を考えると，その内側には △OPQ がある．また，OP と直交する線と OQ の延長線の交点を R としたとき，△OPR が扇形の外側にある．

> 長さの単位は任意でよいが，角度の単位は弧度でなければならない．

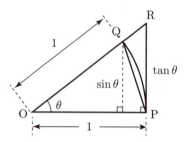

図 8.16：2 つの三角形と扇形

これら 3 つの形状について面積を求めて比較すると，図 8.17 のようになる．

> 半径が r で中心角が θ [rad] の扇形の面積は，$\pi r^2 \times \frac{\theta}{2\pi} = \frac{1}{2} r^2 \theta$ である．

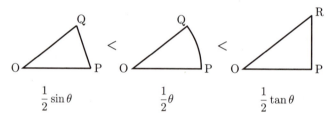

図 8.17：面積の比較

2 倍した不等式で表すと，つぎのようになる．

$$\sin\theta < \theta < \tan\theta \tag{8.17}$$

$0 < \theta < \frac{\pi}{2}$ とすれば $\sin\theta > 0$ なので，辺々を $\sin\theta$ で割ると

$$1 < \frac{\theta}{\sin\theta} < \frac{1}{\cos\theta} \tag{8.18}$$

となる．分母と分子を入れ替えると

$$1 > \frac{\sin\theta}{\theta} > \cos\theta \tag{8.19}$$

となる．ここで $\theta \to 0$ の極限をとると $\cos\theta \to 1$ となるので，つぎの結果が得られる．

$$\lim_{\theta \to 0} \frac{\sin\theta}{\theta} = 1 \tag{8.20}$$

式 (8.20) より，じゅうぶんに小さい θ については，$\sin\theta$ と θ はほぼ等しいことがわかる．

▶**Q9** $\lim_{\theta \to 0} \frac{\sin 2\theta}{\theta}$ はいくらか．

▶**Q10** 度数法の θ に対して，$\lim_{\theta \to 0} \frac{\sin\theta°}{\theta}$ はいくらか．

▶▶ $y = \sin x$ の導関数

式 (8.15) と式 (8.16) より，$\sin(\alpha + \beta) - \sin(\alpha - \beta)$ を計算すると，つぎのようになる．

$$\sin(\alpha + \beta) - \sin(\alpha - \beta) = 2\cos\alpha \sin\beta \tag{8.21}$$

ここで，$A = \alpha + \beta$ と $B = \alpha - \beta$ とおくと，

$$\sin A - \sin B = 2\cos\left(\frac{A+B}{2}\right)\sin\left(\frac{A-B}{2}\right) \tag{8.22}$$

となる．これを踏まえて $y = \sin x$ の導関数 y' を求めてみる．式 (4.8) の定義にしたがい，式 (8.22) を利用すると，つぎのようになる．

$$\begin{aligned} y' &= \lim_{h \to 0} \frac{\sin(x+h) - \sin x}{h} \\ &= \lim_{h \to 0} \frac{2\cos\left(x + \frac{h}{2}\right)\sin\left(\frac{h}{2}\right)}{h} \\ &= \lim_{h \to 0} \cos\left(x + \frac{h}{2}\right) \cdot \frac{\sin\left(\frac{h}{2}\right)}{\frac{h}{2}} \\ &= \cos x \end{aligned} \tag{8.23}$$

したがって，$(\sin x)' = \cos x$ である．

Q11 $y = \sin(2x + 3)$ を微分せよ．

Q12 $y = \sin^2(x - 4)$ を微分せよ．

▶▶ $y = \cos x$ の導関数

$y = \cos x$ の導関数 y' を求めてみる．$\cos x = \sin\left(x + \frac{\pi}{2}\right)$ なので，

$$y = \sin X, \quad X = x + \frac{\pi}{2} \tag{8.24}$$

とする合成関数の微分をすればよく

$$\begin{aligned} y' &= \frac{dy}{dX} \cdot \frac{dX}{dx} \\ &= \cos X \cdot 1 \\ &= \cos\left(x + \frac{\pi}{2}\right) = -\sin x \end{aligned} \tag{8.25}$$

となる．したがって，$(\cos x)' = -\sin x$ である．

Q13 $y = \cos^2(x^2 + 1)$ を微分せよ．

Q14 $y = \dfrac{1}{\cos(x+1)}$ を微分せよ．

Q15 $y = \sin x \cos x$ を微分せよ．

▶▶ $y = \tan x$ の導関数

$y = \tan x$ の導関数 y' は，$\tan x = \dfrac{\sin x}{\cos x}$ に対する商の導関数を求めればよく，

$$
\begin{aligned}
y' = (\tan x)' &= \left(\dfrac{\sin x}{\cos x}\right)' \\
&= \dfrac{(\sin x)' \cos x - \sin x (\cos x)'}{\cos^2 x} \\
&= \dfrac{\cos^2 x + \sin^2 x}{\cos^2 x} \\
&= \dfrac{1}{\cos^2 x}
\end{aligned}
\tag{8.26}
$$

となる．したがって，$(\tan x)' = \dfrac{1}{\cos^2 x}$ である．

▶ Q16 $y = \dfrac{1}{\tan x}$ を微分せよ．

▶▶ 三角関数の不定積分

各三角関数の導関数より，積分定数を C として不定積分がつぎのように得られる．

$$\int \sin x \, dx = -\cos x + C \tag{8.27}$$

$$\int \cos x \, dx = \sin x + C \tag{8.28}$$

また，このほかにはつぎのような不定積分がある．

$$\int \dfrac{1}{\cos^2 x} dx = \tan x + C \tag{8.29}$$

$$\int \dfrac{1}{\sin^2 x} dx = -\dfrac{1}{\tan x} + C \tag{8.30}$$

（$\tan x$ の不定積分には，対数関数が必要となるため省略する．）

章 末 問 題

問 1 角 θ [rad] に対して $0 < \theta < \dfrac{\pi}{2}$ の範囲で，$\sin \theta = \dfrac{2}{3}$ であるとする．

(a) $\sin 2\theta$ はいくらか．
(b) $\cos 2\theta$ はいくらか．

問 2 角 α [rad] と β [rad] に対して，つぎの関係式を確認せよ．

$$\tan(\alpha + \beta) = \dfrac{\tan \alpha + \tan \beta}{1 - \tan \alpha \tan \beta}$$

問 3 $\sin \theta = \cos^2 \theta$ が成り立っているとき，つぎの値を求めよ．

(a) $\sin \theta$
(b) $\dfrac{1}{1 + \cos \theta} + \dfrac{1}{1 - \cos \theta}$

問 4 つぎの条件が成り立っているとき，$\cos(\alpha - \beta)$ の値はいくらか．

$$\sin\alpha + \sin\beta = \frac{1}{2}, \quad \cos\alpha + \cos\beta = \frac{1}{3}$$

問 5 つぎの関数 $f(x)$ の導関数 $f'(x)$ を求めよ．

(a) $f(x) = \tan^2 x$

(b) $f(x) = \sin^3 2x$

(c) $f(x) = \dfrac{1}{1 + \cos x}$

第9章 いろいろな運動2

この章の到達目標
- 等速円運動の性質について理解する
- 円運動の例としての地球の公転運動を理解する

等速円運動は，速度は変化しても速さが変化しない運動であり，運動におけるベクトルとスカラーの違いを理解するのに適している．また，等速円運動はすでに運動のようすがわかっているので，運動方程式はあくまで満たすべき関係式として利用し，解くようなことはしない．本章では，これらの違いについて理解し，等速円運動の例として，円錐振り子や地球の公転運動を学習する．

▶ 9.1 等速円運動

図 9.1 のように，半径 r [m] の円周上を小球 A が一定の速さ v [m/s] で運動しているとき，これを**等速円運動**とよぶ．

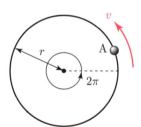

図 9.1: 等速円運動

▶▶ 周期

図 9.1 で，A は円周を 1 回まわるごとに元の位置にもどるので，等速円運動は周期運動である．A の周期 T [s] は

$$T = \frac{2\pi r}{v} \tag{9.1}$$

と表される．

Q1 半径 40 cm の円周上を小球 A が一定の速さ 2.0 m/s で運動している．このとき，A の周期はいくらか．

▶▶ 角速度

図 9.1 のように，A が周期 T [s] で円周を 1 回まわるとき，円の中心角は 2π [rad] なので，物体が単位時間当たりに回転する角度 ω [rad/s] は

$$\omega = \frac{2\pi}{T} \tag{9.2}$$

と表される.これを**角速度**とよぶ.

また,式 (9.2) と式 (9.1) を比べると,速さ v と角速度 ω には,つぎの関係がある.

$$v = r\omega \tag{9.3}$$

式 (9.3) は,角速度が等しくても,半径が異なると弧の長さが変わるため,円周上を運動する速度が異なることを示しており,それは図 9.2 からも見てとれる.

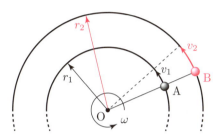

図 9.2: 角速度と速度

> 正しくは,角速度は,円運動している物体の運動方向が右ねじを回すと想定したときに,ねじの進む向きをもったベクトル量である.

Q2 半径 10 cm の円周上を,周期 2.0 秒で等速円運動する物体の速さと角速度はいくらか.

Q3 角速度 3.0 rad/s で等速円運動している物体の周期はいくらか.

▶▶ 回転数

等速円運動する物体が円周上を単位時間当たりに回転する数を**回転数**とよぶ.単位は [s^{-1}] であるが,これを改めて [Hz](ヘルツ)とよぶ.

周期 T [s] のとき,回転数 f [Hz] は,つぎのように表される.

$$f = \frac{1}{T} \tag{9.4}$$

また,式 (9.4) と式 (9.2) を比べると,角速度 ω と回転数 f には,つぎの関係がある.

$$\omega = 2\pi f \tag{9.5}$$

Q4 半径 20 cm の円周上を,速さ 2.0 m/s で等速円運動する物体の回転数はいくらか.

Q5 半径 20 cm の円周上を,回転数 2.4 Hz で等速円運動する物体の速さはいくらか.

▶ 9.2 等速円運動の表し方

等速円運動という運動はわかっているので,そこからわかるいくつかの特徴についてまとめていく.

▶▶ 位置

半径 r [m] の円周上を角速度 ω [rad/s] で等速円運動する小物体 A の位置は,座標を設定することで表すことができる.図 9.3 のように,P が時

刻 0 で x 軸上の点 $\mathrm{P}_0(r,0)$ にいたとすると，時刻 $t\,[\mathrm{s}]$ では角度 ωt だけ回転した点 P にいることになる．

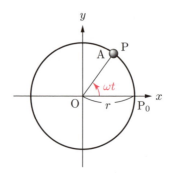

図 9.3: 等速円運動する A の位置

このとき，A のいる点 P の座標は

$$x = r\cos\omega t, \quad y = r\sin\omega t \tag{9.6}$$

と表される．

Q6 図 9.3 で，A の初期位置が座標 $(0, r)$ であったとすると，式 (9.6) はどのようになるか．

Q7 図 9.3 で，A の初期位置が座標 $(r\cos\phi, r\sin\phi)$ であったとすると，式 (9.6) はどのようになるか．

速度

速度 $\vec{v}\,[\mathrm{m/s}]$ は，位置座標の式 (9.6) を時間 $t\,[\mathrm{s}]$ で微分することで得ることができ，各成分 (v_x, v_y) は

$$v_x = -r\omega\sin\omega t, \quad v_y = r\omega\cos\omega t \tag{9.7}$$

となる．これより，速さ $v = |\vec{v}|$ は

$$v = \sqrt{v_x{}^2 + v_y{}^2} = r\omega \tag{9.8}$$

となり，式 (9.3) に一致する．

式 (9.7) は，速度ベクトルの x 成分と y 成分を表しており，これをグラフ上に図示すると，図 9.4 のようになる．

位相が ωt なので，t で微分するとは，合成関数の微分となる．

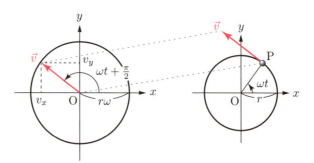

図 9.4: 等速円運動の速度ベクトル

小球 A の位置ベクトル $\overrightarrow{\mathrm{OP}}$ と速度ベクトル $\vec{v}$ が直交していることから，$\vec{v}$ はちょうど円の接線方向を向いていることがわかる．

Q8 図 9.4 で，$\overrightarrow{\mathrm{OP}}$ と $\vec{v}$ が直交していることを内積を用いて確認せよ．

▶▶ 加速度

加速度 $\vec{a}$〔m/s²〕は，式 (9.7) を時間 t〔s〕で微分することで得ることができ，各成分 (a_x, a_y) は

$$a_x = -r\omega^2 \cos\omega t, \quad a_y = -r\omega^2 \sin\omega t \tag{9.9}$$

となる．これより，加速度の大きさ $a = |\vec{a}|$ は

$$a = \sqrt{a_x{}^2 + a_y{}^2} = r\omega^2 \tag{9.10}$$

となる．式 (9.10) は，式 (9.8) を用いると，つぎのように表すこともできる．

$$a = \frac{v^2}{r} \tag{9.11}$$

速度ベクトルと同じように，加速度ベクトルをグラフ上に図示すると，図 9.5 のようになる．

$-\cos\omega t$
$\quad = \cos(\omega t + \pi)$
$-\sin\omega t$
$\quad = \sin(\omega t + \pi)$

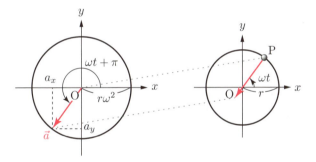

図 9.5： 等速円運動の加速度ベクトル

小球 A の位置ベクトル $\overrightarrow{\mathrm{OP}}$ と加速度ベクトル $\vec{a}$ は反対を向いていることから，$\vec{a}$ は必ず円の中心を向いていることがわかる．このことから，等速円運動する物体に生じる加速度のことを**向心加速度**とよぶ．

Q9 半径 20 cm の円周上を，速さ 2.0 m/s で等速円運動する物体に生じている加速度の大きさはいくらか．

Q10 半径 20 cm の円周上を，回転数 2.5 Hz で等速円運動する物体に生じている加速度の大きさはいくらか．

▶▶ 力

図 9.3 で A の質量を m〔kg〕とおけば，A にはたらいている力 $\vec{F}$〔N〕は，$\vec{F} = m\vec{a}$ で表されるので，作用している力の各成分 (F_x, F_y) は

$$F_x = -mr\omega^2 \cos\omega t, \quad F_y = -mr\omega^2 \sin\omega t \tag{9.12}$$

と表される．また，力の大きさ $F = |\vec{F}|$ は

$$F = \sqrt{F_x{}^2 + F_y{}^2} = mr\omega^2 \tag{9.13}$$

となる．さらに，式 (9.11) を用いると，式 (9.13) は

$$F = m \cdot \frac{v^2}{r} \tag{9.14}$$

とも表すことができる．

　力の向きは，加速度の向きと同じなので，円の中心を向いている．このことから，等速円運動する物体にはたらいている力のことを**向心力**とよぶ．ただし，向心力という力が存在するわけではなく，引力や斥力といった力の性質を表す用語であり，何が向心力となるかは状況に応じて変化する．

Q11 半径 20 cm の円周上を，速さ 2.0 m/s で等速円運動する質量 2.0 kg の物体に作用している力の大きさはいくらか．

Q12 長さ 30 cm の軽いひもの一端を固定し，他端に質量 3.0 kg の小球 A をつけて，なめらかな水平面上を等速円運動させた．ひもの張力の大きさが 3.0 N のとき，A の速さはいくらか．

9.3 等速円運動の例

　運動方程式は，物体に作用している力がわかっているとき，その力によって引き起こされる運動を求めるために解くものである．しかし，等速円運動について考えるとき，すでに運動はわかっているので，運動方程式を解くのではなく，満たすべき関係式として利用する．

　運動方程式は $ma = F$ などと表すが，等速円運動で加速度の大きさ a は式 (9.10) や式 (9.11) によって得られているので，等速円運動での運動方程式は

$$mr\omega^2 = F, \quad m \cdot \frac{v^2}{r} = F \tag{9.15}$$

と表される．ここで，式 (9.15) は考えている物体が満たさねばならない関係式であり，ここから求めたい物理量を評価することになる．

▶▶ 円錐振り子

　図 9.6(a) のように，長さ L [m] の軽いひもの一端を点 O に固定し，他端に質量 m [kg] の小球 A をつけて，水平面内で等速円運動させた．

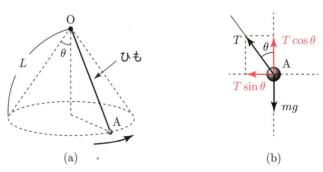

図 9.6：円錐振り子

このような運動を**円錐振り子**とよぶ.

まず,何が向心力となって A が等速円運動しているのかを調べてみる. A に作用している力は図 9.6(b) のように,重力とひもが A を引く張力のみなので,これらの合力が A に作用している向心力となる.

ひもと鉛直線とのなす角を θ [rad],重力加速度の大きさを g [m/s^2] として,ひもの張力の大きさを T [N] とおけば,A は水平面内を運動していることから,鉛直方向の力はつり合っており,

$$T\cos\theta = mg \tag{9.16}$$

である.これより,張力の大きさは

$$T = \frac{mg}{\cos\theta} \tag{9.17}$$

となる.

A に作用している力の合力は $T\sin\theta$ なので,向心力の大きさ F [N] は,式 (9.17) を用いて

$$F = T\sin\theta = mg\tan\theta \tag{9.18}$$

と求まる.

等速円運動の半径は $L\sin\theta$ なので,式 (9.15) の運動方程式を書き下すと

$$mL\sin\theta\,\omega^2 = mg\tan\theta \tag{9.19}$$

あるいは

$$m\frac{v^2}{L\sin\theta} = mg\tan\theta \tag{9.20}$$

となる.これらは A が満たすべき関係式なので,この 2 式から A の角速度および速さが,つぎのように求まる.

$$\omega = \sqrt{\frac{g}{L\cos\theta}}, \quad v = \sqrt{gL\sin\theta\tan\theta} \tag{9.21}$$

Q13 図 9.6 で,等速円運動する A の周期はいくらか.

▶▶ 地球の公転運動

地球は太陽の周りをおよそ 1 年かけて回っており,これを**公転**とよぶ.地球の公転運動は,図 9.7 のように,近似的に等速円運動とみなすことができる.

厳密には,地球は楕円軌道を描いている.

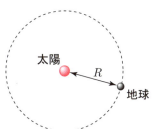

図 9.7: 地球の公転運動

このとき，地球を等速円運動させている向心力は，地球と太陽との間の万有引力である．地球と太陽との距離を R [m]，地球と太陽の質量をそれぞれ m [kg] および M [kg] として，万有引力定数を G [N·m²/kg²] とおけば，式 (2.6) より，式 (9.15) は，つぎのように表される．

$$mR\omega^2 = G \cdot \frac{mM}{R^2}, \quad m\frac{v^2}{R} = G \cdot \frac{mM}{R^2} \tag{9.22}$$

この2式より，地球の角速度および速さが，つぎのように求まる．

$$\omega = \sqrt{\frac{GM}{R^3}}, \quad v = \sqrt{\frac{GM}{R}} \tag{9.23}$$

Q14 図 9.7 で，地球の公転周期はいくらか．

Q15 地球の公転運動の速さはいくらか．ただし，太陽の質量を 2.0×10^{30} kg, 地球と太陽との間の距離を 1.5×10^{11} m とし，万有引力定数を 6.67×10^{-11} N·m²/kg² とする．

▶▶ 第 1 宇宙速度

地球上で水平にものを投げると，重力の作用により落下する．このとき，与えた初速度が大きければ，落下位置までの距離は長くなる．地面は水平ではないため，図 9.8 のように，落下位置が遠ざかると，やがてもどってきて落下しなくなる．

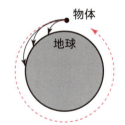

図 9.8：初速度と落下位置

このように，物体が落下しなくなったときに与えた初速度のことを**第 1 宇宙速度**とよぶ．

地球を球体であるとし，第 1 宇宙速度 v [m/s] を与えた質量 m [kg] の物体 A が等速円運動するとみなせば，運動方程式はつぎのように表される．

$$m\frac{v^2}{R} = G \cdot \frac{mM}{R^2} \tag{9.24}$$

ただし，A の回転半径は地表付近を運動するとして地球の半径 R で近似し，地球の質量を M [kg]，万有引力定数を G [N·m²/kg²] とした．式 (9.24) および式 (2.9) を用いると，第 1 宇宙速度は

$$v = \sqrt{\frac{GM}{R}} = \sqrt{gR} \tag{9.25}$$

となる．

Q16 地球の半径を 6.4×10^3 km，重力加速度の大きさを 9.8 m/s² として，第 1 宇宙速度を求めよ．

章 末 問 題

問1 なめらかな水平面内で，質量 120 g の小球 A に 50 cm の軽いひもをつけて，回転数 2.0 Hz で回転させる．
  (a) A の速さはいくらか．
  (b) A の加速度の大きさはいくらか．
  (c) ひもが A を引く力の大きさはいくらか．

問2 図のように，なめらかな円板の中心にある杭と質量 m [kg] の小物体 A を軽いひもでつなぎ，回転数 f [Hz] で半径 r [m] の等速円運動をさせる．このとき，ひもの張力の大きさはいくらか．

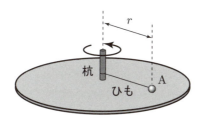

問3 図のように，あらい円板上の中心から 0.30 m の位置に小物体 A を置き，中心を軸として円板を回転させる．ただし，A と円板との間の静止摩擦係数および動摩擦係数を 0.3 とし，重力加速度の大きさを 9.8 m/s² とする．

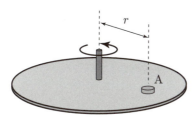

  (a) 円板の回転数が 0.30 Hz のとき，A に生じている加速度の大きさはいくらか．
  (b) 円板の回転数を少しずつ大きくしていったとき，A が円板上をすべり始める直前の回転数はいくらか．
  (c) 円板の回転数が 0.40 Hz のとき，回転している円板を急に止める．このとき，A が静止するまでに要する時間と移動する距離はいくらか．

問4 図のように，天井から長さ L [m] の軽いひもで質量 m [kg] の小球 A をつり下げ，直径 D [m] をなすような回転運動をさせる．ただし，重力加速度の大きさを g [m/s²] とする．

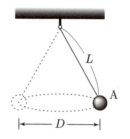

(a) ひもの張力の大きさはいくらか．
(b) A に生じている加速度の大きさはいくらか．
(c) A の角速度の大きさはいくらか．
(d) このひもが切れずにつり下げることができるおもりの質量が M [kg] ($M > m$) であるとする．このとき，回転運動の角速度の最大値はいくらか．

問 5 図のように，ばね定数 k [N/m] の軽いばねの一端を半径 R [m] のなめらかな円板の中心軸につけ，ばねの他端には質量 m [kg] の小球 A をつけて角速度 ω [rad/s] で等速円運動させた．ただし，円板が静止しているときには，A は中心軸から $\dfrac{R}{2}$ の位置にあったものとする．

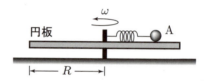

(a) ばねの伸びはいくらか．
(b) 回転の角速度を少しずつ大きくする．A が円板から落ちる直前の角速度の大きさはいくらか．

問 6 地球の周りを地球と同じ周期でまわっている人工衛星は，地上からは静止して見える．地球の半径を $R_\oplus$ [m]，地上での重力加速度の大きさを g [m/s²]，周期を T [s] とすると，この人工衛星の高度はいくらになるか．

このような人工衛星を**静止衛星**とよぶ．

問 7 高度 h [m] で地球を周回する人工衛星を考える．
(a) 地球の半径を $R_\oplus$ [m]，地上での重力加速度の大きさを g [m/s²] とすると，人工衛星の周期はいくらか．
(b) 人工衛星の周期を 1 日とすると，高度はいくらになるか．ただし，$R_\oplus = 6.4 \times 10^6$ m で $g = 9.8$ m/s² とする．

第10章　いろいろな運動3

この章の到達目標

☞ 単振動について理解する

☞ 振り子の等時性について理解する

本章では，振動現象の基本となる単振動について学習する．単振動は等速円運動のひとつの側面であることから，円運動で学んだ物理量に関する知識が，そのまま援用されるようすを見てもらいたい．また，単振動の例として単振り子を取り上げ，振り子が時計として利用されてきた理由についても学習する．

▶ 10.1　単振動

▶▶ 円運動と振動

図 10.1 のように，角速度 ω [rad/s] で等速円運動している小球の y 座標を，時間 t [s] とともに変化するグラフにすると sin 関数が得られる．このように，等速円運動する物体をある方向から見たときの運動を**単振動**とよび，それは時間とともに変化する三角関数として表される．

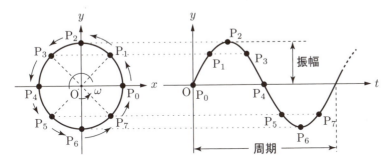

図 10.1：等速円運動と単振動

小球の初期位置が P_0 で，1周期で半径 r [m] の円周上を1回転しているとき，単振動のグラフでは1回振動しているようすがわかる．したがって，等速円運動で回転数とよんでいたものは，単振動では**振動数**とよばれる．また，単振動での座標 y [m] は**変位**とよばれ，$y(t) = r\sin\omega t$ と表される．等速円運動での半径 r は，単振動では振幅を表しているので，r を A [m] と置き換える．すると，単振動する物体の変位は

$$y(t) = A\sin\omega t \tag{10.1}$$

Radius→**A**mplitude

と表される．さらに，単振動する物体の周期 T〔s〕は，等速円運動と等しいので

$$T = \frac{2\pi}{\omega} \tag{10.2}$$

である．ここで，等速円運動で角速度 ω とよんでいたものは，単振動では**角振動数**とよばれる．

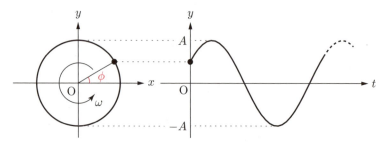

図 10.2： 初期位相があるときの単振動

一般に，図 10.2 のように，初期位置が角度 ϕ〔rad〕であったとすると，単振動での変位は

$$y(t) = A\sin(\omega t + \phi) \tag{10.3}$$

と表される．単振動は 1 次元的な往復運動なので，式 (10.3) で表される変位は，符号により向きを表すベクトル量となる．

等速円運動では ωt は角度を表していたが，単振動では角度がないので単に**位相**とよび，ϕ のことを**初期位相**とよぶ．したがって，初期位置が図 10.1 の P_2 のように y 座標上にあったとすれば，$\phi = \frac{\pi}{2}$ なので，

$$y(t) = A\cos\omega t \tag{10.4}$$

となる．

このように，等速円運動で用いていた用語を，単振動では言い換える例がいくつかある．まとめると，表 10.1 のようになる．

表 10.1： 対応表

等速円運動	単振動
角度 ωt〔rad〕	位相 ωt〔rad〕
位置 y〔m〕	変位 y〔m〕
半径 r〔m〕	振幅 A〔m〕
角速度 ω〔rad/s〕	角振動数 ω〔rad/s〕
回転数 f〔Hz〕	振動数 f〔Hz〕

Q1 単振動している物体の時刻 t〔s〕における変位 y〔m〕が，つぎのように表された．このとき，振幅，角振動数，振動数，周期は，それぞれいくらか．ただし，数値の単位は SI 単位であるとする．

$$y(t) = 0.20\sin(3.0t)$$

Q2 振幅 0.50 m，角振動数 2.0 rad/s で時刻 0 における変位が 0.25 m であった．このとき，時刻 t〔s〕における変位 y〔m〕はどのように表されるか．

SI 単位とは，国際単位系のことであり，長さ〔m〕，質量〔kg〕，時間〔s〕などのことである．

▶▶ 速度

単振動する物体の変位は，式 (10.3) で与えられているので，これを時間 t [s] で微分することで速度 $v_y(t)$ [m/s] が得られる．

$$v_y(t) = \omega A \cos(\omega t + \phi) \tag{10.5}$$

式 (10.5) も符号によって向きを表しているので，速さではなくベクトル量としての速度となる．

例題 29

単振動している小球 A の時刻 t [s] での変位 y [m] が，つぎのように表された．このとき，**A の速さの最大値**はいくらか．また，A の速さが 0 となる**もっとも早い時刻**はいつか．

$$y(t) = 2.0 \sin 3.0\, t$$

解説 t で微分して速度 $v_y(t)$ [m/s] を求めると

$$v_y(t) = -6.0 \cos 3.0\, t$$

となり，cos 関数の値域が $-1 \leq \cos 3.0\, t \leq 1$ なので，最大値は $6.0\,\mathrm{m/s}$ となる．

速さ 0 となる時刻 t_0 は，

$$\cos 3.0\, t_0 = 0$$

を解けばよい．すなわち，n を自然数として

$$3.0\, t_0 = \frac{\pi}{2} \pm n\pi$$

なので，最短では $t_0 = \dfrac{\pi}{6}$ となるので，0.52 秒である． ∎

▶▶ 加速度

単振動している物体に生じている加速度 $a_y(t)$ [m/s^2] は，式 (10.5) を時間 t [s] で微分することで得ることができる．

$$a_y(t) = -\omega^2 A \sin(\omega t + \phi) \tag{10.6}$$

これはまた，式 (10.3) を用いると，つぎのように表すこともできる．

$$a_y(t) = -\omega^2 y(t) \tag{10.7}$$

Q 3 単振動している小球 A の時刻 t [s] での変位 y [m] が，つぎのように表された．A の変位が 2.0 m のとき，A に生じている加速度はいくらか．

$$y(t) = 4.0 \sin 2.0\, t$$

Q 4 単振動している小球 A の時刻 t [s] での変位 y [m] が，つぎのように表された．A の変位が -2.0 m のとき，A に生じている加速度はいくらか．

$$y(t) = 4.0 \cos 2.0\, t$$

Q5 式 (10.6) で，加速度 0 となる時刻 t [s] はどのように表されるか．

▶▶ 力

式 (10.6) で表される加速度が生じている質量 m [kg] の物体に作用している力 $F_y(t)$ [N] は，つぎのように表される．

$$F_y(t) = -m\omega^2 A \sin(\omega t + \phi) \tag{10.8}$$

また，式 (10.7) を用いると，

$$F_y(t) = -m\omega^2 y(t) \tag{10.9}$$

となる．

単振動している物体には，式 (10.8) や式 (10.9) で表される力がはたらいているが，逆に物体にこれらのような力が作用したとすると，その物体は単振動することになる．

例題 30

単振動している質量 0.50 kg の小球 A の時刻 t [s] での変位 y [m] が，つぎのように表された．A の変位が 1.5 m のとき，A に作用している力はいくらか．

$$y(t) = 3.0 \sin 2.0\, t$$

解説 力を求めるために，変位を時間微分して速度 $v_y(t)$ [m/s] を求め，速度を時間微分して加速度 $a_y(t)$ [m/s^2] を求める．

$$v_y(t) = 6.0 \cos 2.0\, t, \quad a_y(t) = -12 \sin 2.0\, t = -4.0 y(t)$$

これより，

$$F = -0.50 \times 4.0 y(t)$$

となるので，$y = 1.5$ を代入して $F = -3.0$ となる．したがって，力は負の向きに大きさ 3.0 N となる．

▶ 10.2　単振動の例

単振動は，ある安定な位置から少しだけ物体がずれたときに起きる現象である．安定とは，位置が少しずれたときに，もとにもどそうとする力がはたらくことを意味し，その力が式 (10.9) で表されるような変位に比例する場合に単振動となる．

▶▶ ばね振り子 1

第 2 章で取り上げたように，ばね定数 k [N/m] のばねに質量 m [kg] の小球 A をつけて，つり合いの位置から x [m] だけずらす（変位 x）と，A には

フックの法則

$$F = -kx \tag{10.10}$$

の力がはたらく．これは単振動している物体に作用している力と同じく変位に比例したものであり，図10.3のように，つり合いの位置からずれたAは単振動することがわかる．このとき，単振動するAのことを**ばね振り子**とよぶ．

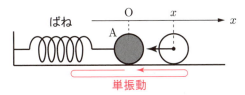

図 10.3：ばね振り子

式 (10.10) と式 (10.9) を比較すると $k = m\omega^2$ となり，これによって角振動数 ω [rad/s] が

$$\omega = \sqrt{\frac{k}{m}} \tag{10.11}$$

と求まる．つまり，ばね定数とAの質量によってどのような単振動をするかが決まる．

また，Aの単振動における周期 T [s] は， $T = \dfrac{2\pi}{\omega}$

$$T = 2\pi\sqrt{\frac{m}{k}} \tag{10.12}$$

となる．

Q6 ばね定数 4.0 N/m のばねに質量 3.0 kg の小球をつけて，なめらかな水平面内で単振動させると周期はいくらか．

Q7 ばねに小球をつけてなめらかな水平面内で単振動させるとき，周期を2倍にするには，小球の質量を何倍にすればよいか．

▶▶ ばね振り子2

図 10.4 のように，なめらかな水平面上で一端を固定したばね定数 k [N/m] のばねの他端に質量 m [kg] の小球Aをつけ，つり合いの位置から L [m] だけ伸ばして静かに放したときのAの運動について考えてみる．

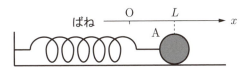

図 10.4：単振動する小球

このとき，Aは式 (10.11) で与えられる角振動数で単振動する．時刻0でAの変位は L なので，式 (10.3) に代入すると

$$L = A\sin\phi \tag{10.13}$$

となり，Aの速度が0であるから，式 (10.5) に代入すると

$$0 = \sqrt{\frac{k}{m}}\cos\phi \tag{10.14}$$

となる．式 (10.14) より，初期位相が $\phi = \dfrac{\pi}{2}$ と求まり，これと式 (10.13) より振幅が $A = L$ と決まる．したがって，図 10.4 のようなばね振り子では，A の運動は

$$x(t) = L\cos\left(\sqrt{\dfrac{k}{m}} \cdot t\right) \tag{10.15}$$

と表されることがわかる．

Q8 ばね定数 20 N/m で質量 3.0 kg の小球 A をつけたばね振り子を，つり合いの位置から 20 cm 伸ばして静かに放した．このとき，A の速さの最大値はいくらか．

▶▶ 単振り子

図 10.5(a) のように，長さ L [m] の軽いひもの一端に質量 m [kg] の小球 A をつけ，他端は点 C に固定してじゅうぶんに小さい角度 θ [rad] で振らせたところ，A は最下点を中心に往復運動した．これを**単振り子**とよぶ．

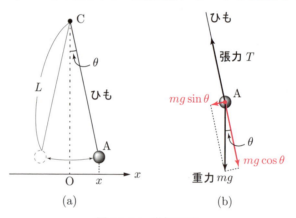

図 10.5：単振り子

点 C の真下を原点 O とする x 軸をとり，A の位置を x とすると，

$$x = L\sin\theta \tag{10.16}$$

と表される．

θ は直線 CO を基準にして，点 C の周りに反時計回りに測るものとしている．

A に作用している力は，図 10.5(b) のように，重力とひもによる張力のみである．A はひもとは直交する向きにしか運動しないので，ひもが伸びる方向の力はつり合いの関係にある．つまり，ひもの張力の大きさを T [N] とおき，重力加速度の大きさを g [m/s^2] とすれば，

$$T = mg\cos\theta \tag{10.17}$$

であり，A にはたらく力の合力は，ひもと直交し最下点の方向へ大きさ $mg\sin\theta$ ということになる．したがって，向きに注意して式 (10.16) を利用すると，A にはたらく力 F [N] は

$$F = -mg\sin\theta = -mg \cdot \dfrac{x}{L} \tag{10.18}$$

と表される.

θ がじゅうぶんに小さいとは，力 F の作用線と x 軸が平行だと近似できることを意味しており，式 (10.18) は式 (10.9) と同じ形をしているので，A は最下点を中心として単振動するといえる．このとき，単振動の角振動数 ω 〔rad/s〕は，$m\omega^2 = \dfrac{mg}{L}$ より

$$\omega = \sqrt{\dfrac{g}{L}} \tag{10.19}$$

となり，単振り子の周期 T 〔s〕は

$$T = 2\pi\sqrt{\dfrac{L}{g}} \tag{10.20}$$

と表される．式 (10.20) より，A の周期は，質量や振り子の振れ幅によらず一定であることがわかる．これを **振り子の等時性** とよぶ．

▶**Q9** 単振り子の周期を 1.0 秒とするためには，振り子の長さをいくらにすればよいか．ただし，重力加速度の大きさを $9.8\,\mathrm{m/s^2}$ とする．

例題 31

月面上で単振り子を振ったとき，地球上と同じ周期で振れるようにするためには，**ひもの長さをどのようにすればよいか**．ただし，月の半径 1.7×10^3 km，月の質量 7.2×10^{22} kg，地球上での重力加速度の大きさ $9.8\,\mathrm{m/s^2}$，万有引力定数 6.67×10^{-11} N·m²/kg² の諸量を用いよ．

解説 単振り子の周期は，式 (10.20) のように，ひもの長さと重力加速度の大きさで決まっているので，月面上での重力加速度の大きさ g_M〔m/s²〕を求める．

地球上での重力加速度の大きさ g〔m/s²〕を求めた式 (2.9) を，月の半径と質量を用いて書き直すと，

$$g_\mathrm{M} = \dfrac{6.67 \times 10^{-11} \times 7.2 \times 10^{22}}{(1.7 \times 10^6)^2} = 1.7 \tag{10.21}$$

となる．月面上と地球上の単振り子のひもの長さを，それぞれ L_M〔m〕と L〔m〕とすると，周期が同じになるためには

$$2\pi\sqrt{\dfrac{L_\mathrm{M}}{g_\mathrm{M}}} = 2\pi\sqrt{\dfrac{L}{g}} \tag{10.22}$$

でなければならない．したがって，

$$L_\mathrm{M} = \dfrac{g_\mathrm{M}}{g} \cdot L = 0.17L \tag{10.23}$$

となり，ひもの長さを **およそ $\dfrac{1}{6}$** にすればよいことになる． ∎ $\dfrac{1}{6} \fallingdotseq 0.17$

章末問題

問1 質量 2.0 kg の小物体 A が，周期 0.40 秒，振幅 50 cm の単振動をしている．
 (a) A の速さの最大値はいくらか．
 (b) A の加速度の大きさの最大値はいくらか．
 (c) 変位が 25 cm のとき，A にはたらく力の大きさはいくらか．

問2 図のように，なめらかな水平面上で一端を固定したばね定数 k [N/m] の軽いばねの他端に，質量 m [kg] の小球 A をつけ，ばねを自然長から L [m] だけ伸ばして A を静かに放した．ただし，ばねが自然長のときの A の位置を原点 O として，ばねの伸びる向きに x 軸をとる．

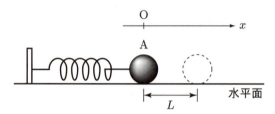

 (a) A の運動の振幅はいくらか．
 (b) A の運動の角振動数はいくらか．
 (c) A が原点 O を通過するときの速さはいくらか．
 (d) A にはたらく力の最大値はいくらか．

問3 図のように，ばね定数 k [N/m] の軽いばねに質量 m [kg] の小球 A をつけて天井からつり下げたところ，ばねは伸びてつり合った．A のつり合いの位置を原点とし，鉛直下向きに x 軸をとる．ただし，重力加速度の大きさを g [m/s^2] とする．

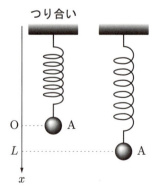

 (a) つり合いの位置でのばねの伸びはいくらか．
 (b) つり合いの位置から，さらに L [m] だけ伸ばしたとき，A にはたらく力の向きと大きさはいくらか．
 (c) L だけ伸ばした位置で A を静かに放したとき，A の振動の周期はい

くらか.
(d) A を放した瞬間を時刻 t [s] の原点とすると，A の時刻 t における位置はどう表されるか．

問4 図のように，なめらかな水平面上にある質量 m [kg] の小球 A の両側に，ばね定数 k_1 [N/m] のばね1とばね定数 k_2 [N/m] のばね2を，自然な長さになるように一直線に接続して他端を固定した．このとき，ばねが伸び縮みする方向に A を少しだけ移動したとき，単振動する A の振動数はいくらか．

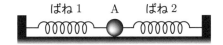

問5 図のように，なめらかな水平面上で一端を固定したばね定数 k [N/m] の軽いばねの他端に，質量 m [kg] の薄い板 A を固定し，さらに質量 M [kg] の小球 B を A に押しつけて，自然長から L [m] だけ縮めて静かに A を放した．

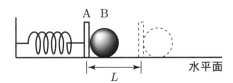

(a) B が運動を始めてから，B が A から離れるまでに要する時間はいくらか．
(b) B が A から離れた直後の B の速さはいくらか．
(c) B が A から離れたあと，A の振動の振幅はいくらか．

第11章 仕事

―― この章の到達目標 ――
- 仕事の概念について理解する
- 仕事の原理について理解する

物理学であつかう仕事とは何か，その抽象的な概念について学習し，このあと学習することになるエネルギーへの導入を行う．本章ではまた，仕事の原理について学び，のちにエネルギーの保存へとつながる概念の修得を目指す．

▶ 11.1 仕事とは何か

> 何が仕事をするのかというと，物体に加えた力である．

物理学では，物体に力を加えて移動させることを**仕事をする**という．図 11.1 のように，水平面にある小物体 A に水平と角度 θ [rad] をなす向きへ，一定の力 $\vec{F}$ [N] を加えたところ，A は水平面上を右の方向へ $\vec{r}$ [m] だけ移動したとする．

> はじめの A の状態は静止していても運動していてもよく，$\vec{r}$ だけ移動したときの A は，$\vec{F}$ 以外の力が作用していなければ，はじめより加速した状態にある．

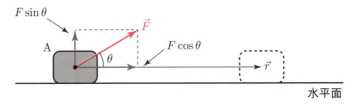

図 11.1：仕事をする力としない力

このとき，加えた $\vec{F}$ のうち，水平方向の力は A を移動させているが，鉛直方向の力は A の移動には関与していない．そこで，実質的に A を移動させた力の大きさ $F\cos\theta$ と移動した距離 r の積を W [N·m] として，

$$W = Fr\cos\theta \tag{11.1}$$

となる量を考え，これを**仕事量**とよぶ．ここで，仕事量の単位 [N·m] を改めて [J]（ジュール）と定義する．つまり，1 N の力が小物体を 1 m 移動させるときの仕事量が 1 J である．

式 (11.1) は，ベクトル量を用いて表すと，つぎのように内積として表すことができる．

$$W = \vec{F} \cdot \vec{r} \tag{11.2}$$

仕事量の定義より，物体に力を加えても移動しなければ仕事量は 0 である．つまり，物体を支えているだけでは仕事をしたことにはならない．ま

た，力と移動方向とのなす角が $0 \leq \theta < \dfrac{\pi}{2}$ では仕事量は正の値となるが，$\dfrac{\pi}{2} < \theta \leq \pi$ では負の値となり，さらに $\theta = \dfrac{\pi}{2}$ では F や r の値にかかわらず仕事量は 0 となる．

Q1 小物体 A に 20 N の力を加えたところ，A は力の向きに 4.0 m だけ移動した．このとき，A に加えた力がした仕事の量はいくらか．

Q2 図 11.1 で，$F = 4.0$ N，$\theta = \dfrac{\pi}{6}$ 〔rad〕，$r = 3.0$ m だとすると，A に対してした仕事の量はいくらか．

▶ 11.2　いろいろな力のする仕事

小物体にいくつかの力がはたらいているとき，つり合いの状態でない限り，合力の方向に小物体は運動するので，その合力が小物体に対して仕事をすることになる．ここでは，作用する力が小物体に対してする仕事を個別に考えて，結果的に合力がする仕事量を求めることを考えてみる．

図 11.2(a) のように，水平と角度 θ〔rad〕をなすあらい斜面上に，質量 m〔kg〕の小物体 A を静かに置いたところ，A は斜面上をすべり下りた．このとき，A に作用している力は，重力 $\vec{F}_{重力}$〔N〕，垂直抗力 $\vec{F}_{垂直抗力}$〔N〕，動摩擦力 $\vec{F}_{動摩擦力}$〔N〕である．

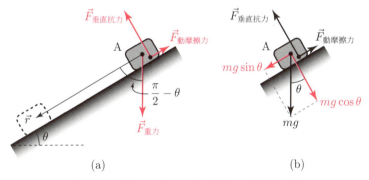

図 11.2: 斜面上をすべる小物体に対する仕事

重力加速度の大きさを g〔m/s²〕とすれば，$F_{重力} = mg$ である．図 11.2(b) のように，重力を斜面に平行な成分と斜面に垂直な成分に分けると，$F_{垂直抗力} = mg\cos\theta$ となる．また，A と斜面との間の動摩擦係数を μ' とおけば，$F_{動摩擦力} = \mu' mg\cos\theta$ となる． $\quad f = \mu' N$

ここで，それぞれの力が A に対してする仕事量を求めてみる．ある時刻までに A が変位ベクトル $\vec{r}$〔m〕だけ移動したとすると，それまでに行った仕事は，式 (11.1) より，なす角に注意して

$$W_{重力} = F_{重力} r \cos\left(\dfrac{\pi}{2} - \theta\right) = mgr\sin\theta \tag{11.3}$$

$\cos\left(\dfrac{\pi}{2} - \theta\right) = \sin\theta$

$$W_{垂直抗力} = F_{垂直抗力} r \cos\left(\dfrac{\pi}{2}\right) = 0 \tag{11.4}$$

$$W_{動摩擦力} = F_{動摩擦力} r \cos\pi = -\mu' mgr\cos\theta \tag{11.5}$$

$\cos\pi = -1$

となる．したがって，A に対してなされた仕事の合計 W〔J〕は

$$W = W_{重力} + W_{垂直抗力} + W_{動摩擦力} = r(mg\sin\theta - \mu' mg\cos\theta) \tag{11.6}$$

であり，A に作用する合力 $mg\sin\theta - \mu' mg\cos\theta$ で距離 r 移動したとした仕事量となる．

▶ 11.3 　変化する力がする仕事

式 (11.1) で表される仕事量は，はたらいている力が一定の場合である．一般的には，物体が移動している間に作用している力が一定であるとは限らない．この場合でも，微小距離 $d\vec{r}$〔m〕であれば，はたらいている力 $\vec{F}$〔N〕が一定であるとみなすことができる．つまり，この間に物体に対して力がした微小な仕事量 dW〔J〕は

$$dW = \vec{F} \cdot d\vec{r} \tag{11.7}$$

であり，これを始点から終点まで足し上げれば，変化する力の場合の仕事量 W〔J〕を求めることができる．したがって，一般的な仕事量は，次式で与えられる．

$$W = \int_{始点}^{終点} \vec{F} \cdot d\vec{r} \tag{11.8}$$

ただし，式 (11.8) で仕事量が計算できるのは，$\vec{F}$ が r の関数として与えられている場合に限られる．

▶ Q3 　x 軸上を小物体 A が正の向きに運動するとき，A に x によって変化するつぎのような大きさ $F(x)$〔N〕の力が正の向きに作用したとき，$x = 0$ から $x = 2\,\mathrm{m}$ までに，この力が A に対してした仕事量はいくらか．

$$F(x) = 2x + 3$$

▶ Q4 　x 軸上を小物体 A が正の向きに運動するとき，A に x によって変化するつぎのような大きさ $F(x)$〔N〕の力が正の向きに作用したとき，$x = -2\,\mathrm{m}$ から $x = 2\,\mathrm{m}$ までに，この力が A に対してした仕事量はいくらか．

$$F(x) = -2x$$

▶ 11.4 　力に逆らってする仕事

図 11.3 のように，水平面上で静止している小物体 A を高さ h〔m〕まで持ち上げる．

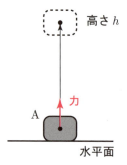

図 11.3：物体を持ち上げるときの仕事

11.4 力に逆らってする仕事

このとき，仕事をするのはAを持ち上げるために加えた力であり，下向きに作用している重力に対して逆らって加えている力である．このように，何かしら物体に力が作用しており，それに逆らって物体に力を加えて，物体を移動させるときの仕事について考えてみる．

静止していたAを持ち上げるためには，Aに加える力はAの重さより大きくなければならない．また，高さhまで移動したときにAを静止させるためには，Aの重さより小さな力で減速させなければならない．そこで，つぎのような3つのステップで考えることにする．

> Aの重さと等しい大きさの力を加えても，力がつり合うだけでAは動かない．

1. 静止状態から運動状態への加速運動
2. 等速運動
3. 運動状態から静止状態への減速運動

> 等速運動のステップは，なくてもかまわない．

Aの質量をm〔kg〕，重力加速度の大きさをg〔m/s²〕として，図11.4のように，3つの区間に分けてみる．

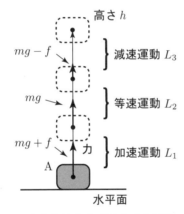

図 11.4：物体を持ち上げるときの運動

加速運動させるために，Aには時間t〔s〕だけmg〔N〕よりf〔N〕だけ余計に加えているとする．この間のAの加速度の大きさが$\frac{f}{m}$〔m/s²〕なので，移動距離L_1〔m〕は，

$$L_1 = \frac{1}{2}\left(\frac{f}{m}\right)t^2 \tag{11.9}$$

> Aに作用している力は下向きmgと上向き$mg+f$で，合力は上向きfである．

と表される．時間tののち，Aの速さv〔m/s〕は

$$v = \frac{f}{m} \cdot t \tag{11.10}$$

であり，この速さで距離L_2〔m〕だけ移動し，その後に加える力をfだけ小さくすることで，加速度の大きさ$\frac{f}{m}$で減速して静止させる．静止するまでに要する時間は，加速するときと同じtであり，移動する距離L_3〔m〕は，つぎのように表される．

> 加速と減速でともに大きさfだけ加える力を加減しているが，これは異なっていても結果は変わらない．

$$\begin{aligned}L_3 &= -\frac{1}{2}\left(\frac{f}{m}\right)t^2 + vt \\ &= \frac{1}{2}\left(\frac{f}{m}\right)t^2 = L_1\end{aligned} \tag{11.11}$$

ここで，それぞれの区間での仕事量を求めると，力の向きと移動方向が一致しているので

$$W_{加速} = (mg+f) \times \frac{1}{2}\left(\frac{f}{m}\right)t^2 \tag{11.12}$$

および

$$W_{減速} = (mg-f) \times \frac{1}{2}\left(\frac{f}{m}\right)t^2 \tag{11.13}$$

であり，式 (11.11) より，L_2 は

$$L_2 = h - L_1 - L_3 = h - \left(\frac{f}{m}\right)t^2 \tag{11.14}$$

と表されることから

$$W_{等速} = mg \times \left(h - \left(\frac{f}{m}\right)t^2\right) \tag{11.15}$$

と求まる．

以上のことより，A を高さ h まで持ち上げるのに要した全体の仕事量 W 〔J〕は，

$$\begin{aligned}W &= W_{加速} + W_{加速} + W_{加速} \\ &= mgh\end{aligned} \tag{11.16}$$

となり，大きさ mg の力で距離 h だけ移動したときの仕事量に等しい．つまり，A に作用している重力とつり合う大きさの力で移動したとして，仕事量を計算した結果に等しくなる．

したがって，物体に作用している力に逆らって移動させるときには，結果的にちょうどつり合う力で仕事量を計算してよいことを表している．

Q5 水平と角度 θ〔rad〕をなすなめらかな斜面上で，重さ W〔N〕の物体を斜面に沿って L〔m〕だけ持ち上げる．このとき，物体を持ち上げるのに要する仕事量はいくらか．

Q6 なめらかな水平面上にある質量 m〔kg〕の物体を，距離 L〔m〕だけ移動させるのに要する仕事量はいくらか．

11.5 仕事の原理

図 11.5 のように，質量 m〔kg〕の小物体 A をなめらかな水平面から高さ h〔m〕まで持ち上げるのに，角度 θ〔rad〕のなめらかな斜面を移動させる場合（a→b→c）と，水平に移動したのちに鉛直に持ち上げる場合（a→d→c）を考えてみる．

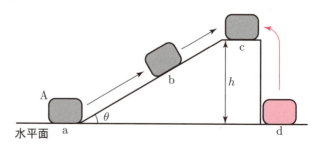

図 11.5: 物体を持ち上げるときの経路の違い

斜面上での a→c の移動距離は $\dfrac{h}{\sin\theta}$ [m] であり，重力加速度の大きさを g [m/s^2] とすれば，斜面上にある A とつり合う力の大きさは $mg\sin\theta$ [N] である．したがって，経路 a→b→c での仕事量 W_{abc} [J] は，力と移動方向が一致しているので，

$$W_{\mathrm{abc}} = mg\sin\theta \times \frac{h}{\sin\theta} = mgh \tag{11.17}$$

となる．

また，なめらかな水平面上を移動する a→d の場合，つり合うべき力がないため仕事量は 0 である．つまり，要する仕事は d→c の間のみなので，仕事量 W_{adc} [J] は

$$W_{\mathrm{adc}} = mgh \tag{11.18}$$

となり，

$$W_{\mathrm{abc}} = W_{\mathrm{adc}} \tag{11.19}$$

であることがわかる．

このように，経路が異なっていても，始点と終点が等しいときに仕事量が変わらないことを**仕事の原理**とよぶ．仕事の原理はどんな場合でも成り立つわけではなく，摩擦がある場合などは成り立たない．したがって，仕事の原理が成り立つときに作用している力のことを，特に**保存力**とよぶ．図 11.5 の場合，もともと A に作用している力は重力なので，重力は保存力であるといえる．

例題 32

図のように，質量 m [kg] の小物体 A をつないだ軽い動滑車と天井に固定した軽い定滑車に，一端を天井に固定した軽いひもを通して，ひもの他端を矢印のように引いて床に置かれた A を高さ h [m] まで持ち上げる．このとき，**ひもを引く力のする仕事**はいくらか．ただし，重力加速度の大きさを g [m/s^2] とする．

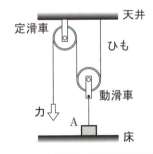

解説　A を持ち上げるときに動滑車に作用している力は，天井からつながっているひもの張力と A がつながっているひもを通してかかる A の重さである．

ひもの張力の大きさを T [N] とおくと，ひもの内力はすべて等しくなるので，図 (a) のようになり $2T = mg$ である．

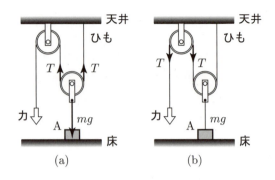

(a)　　　　　　(b)

定滑車にかかっているひもは，動滑車にかかっているひもとひとつながりなので，張力の大きさは図 (b) のように等しく T となる．したがって，ひもを引く力の大きさは

$$T = \frac{1}{2}mg$$

となり，A の重さの半分となる．

しかし，A を高さ h だけ持ち上げるためには，動滑車の両側のひもも h だけ変化させなければならず，定滑車を通してひもを $2h$ だけ引く必要がある．しがたって，ひもを引く力のする仕事量 W〔J〕は

$$W = \frac{1}{2}mg \times 2h = mgh$$

となり，A を直接 h だけ持ち上げるときの仕事量に等しい．

▶ 11.6　仕事率

仕事量 W〔J〕の仕事をするのに要した時間が t〔s〕であったとすると，単位時間当たりの仕事量 P〔J/s〕は

$$P = \frac{W}{t} \tag{11.20}$$

と表される．これを**仕事率**とよび，単位を改めて〔W〕（ワット）と定義する．つまり，1 秒間で 1 J の仕事をするような仕事率が 1 W である．

▶Q7　質量 5.0 kg の物体を 10 秒で高さ 4.0 m だけ持ち上げた．このとき，物体を持ち上げるための力がした仕事の仕事率はいくらか．ただし，重力加速度の大きさを 9.8 m/s² とする．

―例題 33――――――
力 F〔N〕を物体に加えて，力の向きに速度 v〔m/s〕で移動させたときの**仕事率**はいくらか．

解説　時間 T〔s〕の間に物体は vT〔m〕だけ移動するので，力のした仕事量は $F \times vT$〔J〕である．したがって，単位時間当たりの仕事量は $FvT \div T$ なので，仕事率は Fv となる．

章 末 問 題

問 1 図のように，水平と30°をなすあらい斜面上を，高さ3.0 mまで質量2.0 kgの小物体Aを引き上げる．ただし，斜面とAとの間の動摩擦係数を0.3とし，重力加速度の大きさを9.8 m/s²とする．

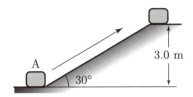

(a) 引き上げる力がする仕事量はいくらか．
(b) Aを斜面の下から上まで引き上げるのに50秒かかった．このときの仕事率はいくらか．

問 2 図のように，水平と角度θ [rad]をなすあらい斜面上で，水平面から高さh [m]の位置に質量m [kg]の小物体Aを静かに置いたところ，Aは斜面をすべり始めた．ただし，Aと斜面との間の動摩擦係数をμ'とし，重力加速度の大きさをg [m/s²]とする．

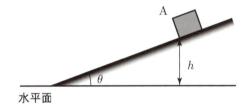

(a) Aが斜面上を運動しているときに，Aに作用している摩擦力の大きさはいくらか．
(b) Aが水平面に到達するまでに摩擦力がした仕事量はいくらか．

問 3 半径r [m]の円周上を，質量m [kg]の小球Aが角速度ω [rad/s]で等速円運動している．このとき，Aが1回転する間に向心力がする仕事量はいくらか．

問 4 図のように，質量m [kg]の小物体Aを軽い動滑車2つでつなぎ，天井に固定した定滑車に通した軽いひもを引いてAを持ち上げる．ただし，重力加速度の大きさをg [m/s²]とする．

130　第 11 章　仕事

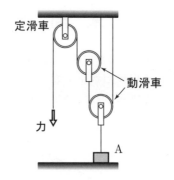

(a) A を持ち上げるためにひもを引く力の大きさはいくらか．
(b) A を高さ h [m] まで持ち上げるために引くひもの量はいくらか．
(c) A を高さ h [m] まで持ち上げるとき，ひもを引く力がする仕事量はいくらか．

問 5 あらい水平面上にある物体を大きさ 15 N の力で引き続けたところ，物体は速さ 2.0 m/s で動き続けた．このとき，物体を引く力の仕事率はいくらか．また，この力が 20 秒間に行った仕事量はいくらか．

$1.0\,\mathrm{t} = 1.0 \times 10^3$ kg

問 6 あるクレーンが，1.5 t の鋼材を高さ 20 m まで持ち上げた．ただし，重力加速度の大きさを 9.8 m/s^2 とする．
(a) クレーンがした仕事量はいくらか．
(b) クレーンのモーターの出力が 10 kW であり，ロープの摩擦などで 15% が損失するとすれば，鋼材を持ち上げるのに要する時間はいくらか．

第12章 エネルギー

―― この章の到達目標 ――
- エネルギーの概念について理解する
- 力学的エネルギーの保存則について理解する

エネルギーという用語は，ふだんよく見かけるため，なんとなくイメージすることができる．しかし，実際には仕事の概念を通して定義され，とても抽象的なものであり，汎用的な概念である．したがって，身の回りにはいろいろなエネルギーが存在するが，本章では力学的エネルギーに注目して学習する．そして，作用している力によっては力学的エネルギーが保存することなどを理解する．

▶ 12.1　エネルギーとは何か

考えている対象物が仕事をする能力をもっているとき，すなわち力を加えてものを動かすことができるとき，その対象物には**エネルギー**があるという．そして，どれだけ仕事をすることができるか，その仕事量をエネルギー量とよぶ．

単に仕事ができればよいので，対象物は物体である必要もなく，いろいろな形態や状態が存在する．

▶ 12.2　運動エネルギー

図 12.1 のように，運動している物体 A は，別の物体 B に衝突すると力を加えて動かすことができるので，仕事をする能力をもっている．つまり，エネルギーをもっており，これを**運動エネルギー**とよぶ．

例え，衝突する別の物体が重くて動かない場合でも，必ず軽くて動かすことができる物体は存在する．

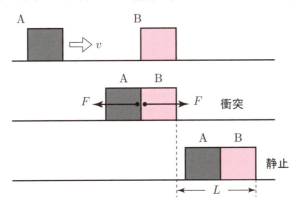

図 12.1：運動している物体がする仕事

Aのもつ運動エネルギーの大きさは，Aが静止するまでに行うことのできる仕事量である．はじめ，Aが一定の速さ v [m/s] で運動しており，静止しているBに衝突する．このとき，互いに一定の大きさの力 F [N] を及ぼし合うとして，Bを距離 L [m] だけ移動させたとする．

Aの質量を m [kg] とすると，大きさ $\dfrac{F}{m}$ [m/s^2] の加速度が進行方向とは逆向きに生じるので，式 (5.22) より

$$0 - v^2 = -2\left(\frac{F}{m}\right)L \tag{12.1}$$

となる．作用反作用の法則より，AがBに及ぼす力も F であり，この力でBを距離 L だけ移動させているので，力 F を通してAがBにした仕事量 W [J] は，式 (12.1) を利用して

$$W = FL = \frac{1}{2}mv^2 \tag{12.2}$$

となる．

したがって，運動しているAが静止するまでにすることのできる仕事量は式 (12.2) で与えられるので，これがAがもつ運動エネルギーの大きさである．

▶Q1 質量 1.2×10^3 kg の自動車が速さ 60 km/h で走っているときにもつ運動エネルギーはいくらか．

例題 34

図 12.1 で，AとBの間で作用する力が一定でない場合，仕事量はどのように表されるか．

解説 力が変化する場合の仕事量 W は式 (11.8) で求められるので，x 軸方向へ運動するとして始点 ($x=0$) と終点 ($x=L$) に注意すると

$$W = \int_0^L F\,dx$$

となる．これに $F = m\left(\dfrac{dv}{dt}\right)$ を代入して，dx を dt で割ってかけると，始点での時刻を 0，終点での時刻を t とおいて

$$W = \int_0^t m\left(\frac{dv}{dt}\right) \cdot \frac{dx}{dt} \cdot dt$$

と書き換えられる．これはさらに，つぎのように変形できる．

$$W = \int_0^t m\left(\frac{dv}{dt}\right)\cdot v \cdot dt = \int_0^t m \cdot \frac{1}{2}\left(\frac{dv^2}{dt}\right)\cdot dt = \int_0^t \frac{d}{dt}\left(\frac{1}{2}mv^2\right)\cdot dt$$

始点では速さ v，終点では静止しているので，この定積分は

$$W = \frac{1}{2}mv^2$$

となる．

紛らわしいが，積分中の v は変数であり，積分後の v は定数である．

12.3 位置エネルギー

ある高さで物体を静止させたり，ばねについた物体をばねを伸ばした状態で静止させたりした場合，支えていた物体を放すと物体は動き出す．このとき，物体は運動エネルギーを獲得できる特別な位置にあると考える．

例えば，図 12.2 のように，x 軸上の点 P にあった小球 A に力がはたらくことで自然に点 Q まで移動するとき，A に作用している力が仕事をすることで A は運動エネルギーを獲得する．このとき，点 Q より点 P のほうが PQ 間でなされる仕事の分だけエネルギーが高いと考える．

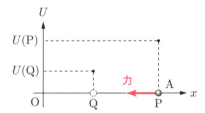

図 12.2：位置エネルギー

このように，位置によって高低が決まるようなエネルギー U 〔J〕のことを **位置エネルギー** とよぶ．あるいは，物体はその場所にいるだけで潜在的にエネルギーをもっているとして，**ポテンシャルエネルギー** とよぶこともある．

図 12.2 では，点 P と点 Q の位置エネルギーをそれぞれ $U(\mathrm{P})$〔J〕および $U(\mathrm{Q})$〔J〕とおくと，PQ 間で力がする仕事量 W〔J〕との関係は

$$W = U(\mathrm{P}) - U(\mathrm{Q}) \tag{12.3}$$

となる．仕事量がこのように始点と終点のみで表されるとき，はたらく力は保存力なので，保存力による仕事は位置エネルギーを用いて表すことができるともいえる．

位置エネルギーは，支えがないときに生じる力によって区別し，正しくは「〜力による位置エネルギー」とよぶ．

位置エネルギー（ポテンシャル）の微分が保存力である．

▶▶ 重力による位置エネルギー

図 12.3 のように，地面から高さ h〔m〕にある質量 m〔kg〕の小球 A は，支えをなくせば重力の作用によって加速しながら落下するため，地面からの高さが高い方が位置エネルギーが高いことになる．

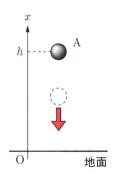

図 12.3：重力がする仕事

そこで，地面を原点 O とする上向き x 軸をとり，高さ h から高さ 0 の地面まで A に対して重力がする仕事 W〔J〕を求めると，式 (11.8) を用いて

$$W = \int_h^0 (-mg) \mathrm{d}x = mgh \tag{12.4}$$

となる．ただし，重力加速度の大きさを g〔m/s^2〕とし，マイナス符号は重力の向きと座標軸の向きが反対であることを表している．

式 (12.3) より，これが位置エネルギーの差 $U(h) - U(0)$ となるので，

$$U(h) - U(0) = mgh \tag{12.5}$$

> 原点をどこにおくかで絶対値は変わるが，エネルギー差である相対値は変わらない．

であり，**重力による位置エネルギー $U(x)$〔J〕は**

$$U(x) = mgx \tag{12.6}$$

と表すことができる．

Q2 質量 2.0 kg の小球 A が高さ 5.0 m にあるとき，重力による位置エネルギーはいくらか．ただし，重力加速度の大きさを 9.8 m/s^2 とする．

▶▶ 弾性力による位置エネルギー

図 12.4 のように，一端を固定したばねの他端に小球 A をつけて，ばねを L〔m〕だけ伸ばして静止させる．

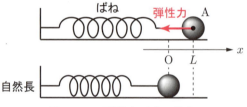

図 12.4：弾性力がする仕事

このとき，A の支えをなくすと A はばねによる弾性力によって動き出すため，弾性力が仕事をすることになる．ばねの自然長の位置を原点 O として，ばねが伸びる向きに x 軸をとれば，ばね定数を k〔N/m〕とおいて，弾性力 F〔N〕は

$$F = -kx \tag{12.7}$$

と表される．したがって，ばねが自然長になるまでに弾性力がする仕事量 W〔J〕は，式 (11.8) より

$$W = \int_L^0 F \, \mathrm{d}x = \int_L^0 (-kx) \mathrm{d}x = \frac{1}{2} k L^2 \tag{12.8}$$

となる．

式 (12.3) より，これが位置エネルギーの差 $U(L) - U(0)$ となるので，**弾性力による位置エネルギー $U(x)$ は**

$$U(x) = \frac{1}{2} k x^2 \tag{12.9}$$

と表すことができる．式 (12.9) はまた，ばねがたくわえている**弾性エネルギー**とよぶこともある．

Q3 ばね定数 20 N/m のばねを 30 cm だけ伸ばしたとき，ばねがたくわえている弾性エネルギーはいくらか．

▶▶ 万有引力による位置エネルギー

あらゆる物体の間には万有引力がはたらいており，支えをなくすと互いに近づいていく．ただ，一方を地球のような非常に大きな質量をもつものとし，他方を身の回りにあるような物体として考えると，地球は静止しており物体のみが運動すると近似的に考えることができる．

図 12.5 のように，地球から距離 r_p [m] の点 P で静止していた質量 m [kg] の小球 A の支えをなくすと，万有引力によって A は地球へ向かって移動するため，万有引力が A に対して仕事をすることになる．

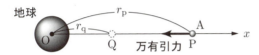

図 12.5： 万有引力がする仕事

ここで，地球の中心（重心）を原点 O とし，地球から遠ざかる向きに x 軸をとる．地球の質量を M [kg]，万有引力定数を G [N·m²/kg²] とすると，万有引力 F [N] は

$$F = -G \cdot \frac{mM}{x^2} \tag{12.10}$$

と表される．

式 (12.10) のマイナス符号は，力が原点 O（地球）の方向を向いていることを表している．

万有引力によって A が地球から距離 r_q [m] の点 Q まで移動したとすると，万有引力がした仕事量 W [J] は，つぎのように求めることができる．

$$W = \int_{r_p}^{r_q} \left(-G \cdot \frac{mM}{x^2}\right) dx = G \cdot \frac{mM}{r_q} - G \cdot \frac{mM}{r_p} \tag{12.11}$$

式 (12.3) より，式 (12.11) は位置エネルギーの差 $U(r_p) - U(r_q)$ となるので，任意の位置 x [m] における**万有引力による位置エネルギー** $U(x)$ [J] は，つぎのように表される．

$$U(x) = -G \cdot \frac{mM}{x} \tag{12.12}$$

式 (12.12) で，$x \to \infty$ とすれば $U = 0$ となるため，無限遠が位置エネルギーの原点となっており，任意の位置はそれより低い値となる．しかし，万有引力がする仕事で獲得する運動エネルギーの値は，位置エネルギーの差で与えられるので，絶対値が負であっても問題ない．

例題 35

地球表面にある 1.0 kg の物体がもつ**万有引力による位置エネルギー**はいくらか．ただし，万有引力定数を 6.67×10^{-11} N·m²/kg²，地球の質量を 6.0×10^{24} kg，地球の半径を 6.4×10^6 m とする．

解説 式 (12.12) に各数値を代入すると

$$U = -6.67 \times 10^{-11} \cdot \frac{1.0 \times 6.0 \times 10^{24}}{6.4 \times 10^6} = -6.3 \times 10^7 \, \text{J}$$

となる.

▶ 12.4 力学的エネルギーの保存

運動エネルギー K 〔J〕と位置エネルギー U 〔J〕の和のことを**力学的エネルギー** E 〔J〕とよび,

$$E = K + U \tag{12.13}$$

と表す. ただし, 作用している力によって位置エネルギーは複数ある場合があるので, 式 (12.13) で U とは, それらの和を表している.

図 12.6 のように, x 軸上の点 P で速さ v_p 〔m/s〕であった質量 m 〔kg〕の小球 A に大きさ F の保存力が作用して, A が点 Q まで移動したとき, A の速さが v_q 〔m/s〕となったとする.

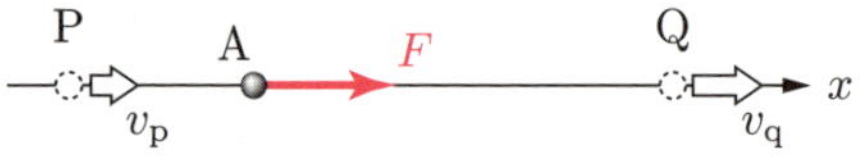

> 剛体の回転運動を考えると, 運動エネルギーも複数考える必要がある.

図 12.6: 保存力がする仕事

このとき, F がした仕事 W 〔J〕は, 点 P での時刻 $t(\text{P})$ 〔s〕, 点 Q での時刻 $t(\text{Q})$ 〔s〕を用いて

$$\begin{aligned}
W &= \int_\text{P}^\text{Q} F \, dx = \int_\text{P}^\text{Q} m\left(\frac{dv}{dt}\right) dx = \int_{t(\text{P})}^{t(\text{Q})} m\left(\frac{dv}{dt}\right) \cdot \frac{dx}{dt} \cdot dt \\
&= \int_{t(\text{P})}^{t(\text{Q})} mv\left(\frac{dv}{dt}\right) \cdot dt = \int_{t(\text{P})}^{t(\text{Q})} \frac{1}{2}\frac{d}{dt}\left(mv^2\right) \cdot dt \\
&= \frac{1}{2}m{v_\text{q}}^2 - \frac{1}{2}m{v_\text{p}}^2
\end{aligned} \tag{12.14}$$

と表される. 一方, 保存力による仕事では, 点 P と点 Q での位置エネルギー $U(\text{P})$ 〔J〕および $U(\text{Q})$ 〔J〕と仕事量 W とは

$$W = \int_\text{P}^\text{Q} F \, dx = U(\text{P}) - U(\text{Q}) \tag{12.15}$$

と表されるので, 式 (12.14) と式 (12.15) を等しいとおくと

$$\frac{1}{2}m{v_\text{q}}^2 - \frac{1}{2}m{v_\text{p}}^2 = U(\text{P}) - U(\text{Q}) \tag{12.16}$$

となり, 辺々の項を入れ替えると, 次式が得られる.

$$\frac{1}{2}m{v_\text{q}}^2 + U(\text{Q}) = \frac{1}{2}m{v_\text{p}}^2 + U(\text{P}) \tag{12.17}$$

式 (12.17) は, 点 P と点 Q で力学的エネルギーが等しいことを表しており, これを**力学的エネルギーの保存**とよぶ.

つまり, 物体に作用している力が保存力であるとき, 力学的エネルギーは変化しないことがわかる.

> **例題 36**
>
> ばね定数 k〔N/m〕のばねに質量 m〔kg〕の小球 A をつけて，なめらかな水平面上を単振動させる．このときの力学的エネルギーを計算し，時間によらず一定であることを確認せよ．

解説 図のように，ばねが自然長の位置を原点 O としてばねが伸びる向きに x 軸をとり，ばねを長さ L〔m〕だけ伸ばして A を静かに放すことを考える．

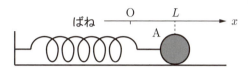

このとき，角振動数 ω〔rad/s〕は式 (10.11) で与えられ，

$$\omega = \sqrt{\frac{k}{m}}$$

である．また，式 (10.3) と式 (10.5) に対して，初期位置 L および初速度 0 を代入することで，$L = A \sin\phi$ および $0 = \omega A \cos\phi$ となり，これより $A = L$ および $\phi = \frac{\pi}{2}$ が得られる．したがって，時刻 t〔s〕における A の変位 $x(t)$〔m〕と速度 $v(t)$〔m/s〕は

$$x(t) = L\cos\omega t, \quad v(t) = -\omega L \sin\omega t$$

となる．

任意の時刻 t で，運動エネルギー K〔J〕は

$$K = \frac{1}{2}mv(t)^2 = \frac{1}{2}m\omega^2 L^2 \sin^2\omega t$$

であり，弾性力による位置エネルギー（弾性エネルギー）U〔J〕は

$$U = \frac{1}{2}kx(t)^2 = \frac{1}{2}kL^2 \cos^2\omega t$$

であるので，力学的エネルギー E〔J〕は，つぎのようになる．

$$E = K + U = \frac{1}{2}kL^2$$

$k = m\omega^2$
$\sin^2\omega t + \cos^2\omega t = 1$

したがって，E は時間によらず一定であることがわかる． ∎

▶▶ 保存則と運動方程式

物体の運動のようすを知りたいとき，物体に作用している力を用いて運動方程式を立て，これを解くことで任意の時刻における物体の位置と速度を求めることができる．しかし，作用している力が保存力であれば，力学的エネルギーは保存し，値は変わらない．つまり，ある時刻や位置で力学的エネルギーがわかると，別の時刻や位置でも等しい値をとるので，これを条件として位置や速度を求めることができる場合がある．

▶▶ 重力の例

図 12.7 のように，水平と角度 θ〔rad〕をなすなめらかな斜面の下端の点 P で，質量 m〔kg〕の小球 A に初速度 v_0〔m/s〕を与えたとき，A が高さ h〔m〕の点 Q を通過するときの速さ v〔m/s〕を求めることを考える．

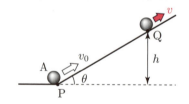

図 12.7：斜面を上昇する小球の速さ

運動方程式を立てて解けば，点 P から任意の時刻に，A が斜面上のどこにいて速さがいくらかを求めることができる．しかし，いま知りたいのは高さ h の点 Q の速さだけである．このようなときには，点 P でもっていた A の力学的エネルギーが点 Q でも等しいという力学的エネルギーの保存則から求めるほうが簡単である．

重力加速度の大きさを g〔m/s^2〕，重力による位置エネルギーの基準を点 P の位置とすれば，点 P で A がもつ力学的エネルギー E_p〔J〕は

$$E_\mathrm{p} = \frac{1}{2}mv_0{}^2 + 0 \tag{12.18}$$

であり，点 Q での力学的エネルギー E_q〔J〕は

$$E_\mathrm{q} = \frac{1}{2}mv^2 + mgh \tag{12.19}$$

である．保存則より，これらを等しいとおけば点 Q での速さは

$$v = \sqrt{v_0{}^2 - 2gh} \tag{12.20}$$

と求まり，斜面の角度には依存しないことがわかる．

Q4 図 12.7 の状況を，運動方程式を立てて解いてみよ．

▶▶ 弾性力の例

図 12.8 のように，なめらかな水平面上で，ばね定数 k〔N/m〕のばねに質量 m〔kg〕の小球 A をつけて，自然長から L〔m〕だけ伸ばして静かに放したとき，A の速さの最大値 v〔m/s〕を求めることを考える．

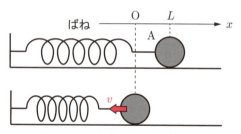

図 12.8：振動する小球の速さ

力学的エネルギーは保存するので，速さの最大値を求めるときには運動エネルギーが最大になればよく，位置エネルギーが最小になればよい．図 12.8 で位置エネルギーとは，弾性力による位置エネルギーなので，変位 x [m] が 0 のときが位置エネルギー最小となる．したがって，ばねが L だけ伸びた状態と自然長になっている状態で，力学的エネルギーの保存の式を立てればよく，自然長での速さを v [m/s] とおけば，つぎのようになる．

$U = \frac{1}{2}kx^2$

$$0 + \frac{1}{2}kL^2 = \frac{1}{2}mv^2 + 0 \tag{12.21}$$

式 (12.21) より，

$$v = L\sqrt{\frac{k}{m}} \tag{12.22}$$

となる．

▶▶ 保存しないときの例

物体に作用する力が保存力以外であるとき，物体の力学的エネルギーは保存しない．では，この保存せず変化した分のエネルギーはどこへいくのか．例えば，保存力ではない摩擦力がはたらく場合，摩擦によって熱が発生するため，エネルギーが力学的なものから熱的なものへと変換されると考える．つまり，力学的エネルギーだけに着目するために，エネルギーが減少しているように見えるだけである．

一般に，摩擦力や粘性があると，力学的エネルギーは熱エネルギーへと形を変えるので，熱エネルギーも含めてエネルギー全体は保存すると考えるのが**熱力学の第 1 法則**である．このとき，摩擦力は負の仕事をするために，その分だけ力学的エネルギーは減少すると考えれば，保存則を用いて式を立てることができる．

図 12.9 のように，なめらかな水平面を速さ v [m/s] で運動している質量 m [kg] の小物体 A が，あらい面に入って静止するまでに進む距離 L [m] を求めることを考える．

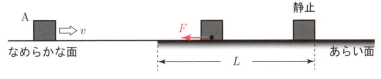

図 12.9：摩擦のある運動

A は水平面上を運動しているので，重力による位置エネルギーは変化しない．あらい面が及ぼす進行方向とは逆向きの摩擦力 F [N] が，A に対して負の仕事をすることで，A がもっていた運動エネルギーを吸収した結果，A は運動エネルギーを失って静止したと考える．

あらい面に入る前の A の運動エネルギー $K_{前}$ [J] は

$$K_{前} = \frac{1}{2}mv^2 \tag{12.23}$$

であり，静止したときの運動エネルギー $K_{後}$ [J] は $K_{後} = 0$ である．摩擦

力がした負の仕事量 $W_{摩擦力}$ [J] は

$$W_{摩擦力} = -\mu' mgL \tag{12.24}$$

である．ただし，A とあらい面との間の動摩擦係数を μ' とし，重力加速度の大きさを g [m/s^2] とした．

力学的エネルギーの収支は $K_{前} + W_{摩擦力} = K_{後}$ なので，

$$\frac{1}{2}mv^2 - \mu' mgL = 0 \tag{12.25}$$

となり，これより A が静止するまでに進んだ距離は

$$L = \frac{v_0{}^2}{2\mu' g} \tag{12.26}$$

と表される．

章末問題

問 1 図のように，質量 m [kg] の小球 A を長さ $2L$ [m] の軽いひもで天井に固定された点 O からつり下げ，ひもがたるまないように水平な位置まで持ち上げた．点 O より L [m] だけ真下の点 P には小さな杭があり，A を静かに放したところ，最下点 Q までは点 O を中心に円運動し，その後は点 P を中心に円運動をした．ただし，重力加速度の大きさを g [m/s^2] とする．

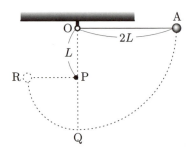

(a) A の点 Q での速さはいくらか．
(b) A が点 P と等しい高さの点 R にきたときの速さはいくらか．
(c) 点 R でひもが引く張力の大きさはいくらか．
(d) A が点 R にきた瞬間にひもが切れたとすると，A はその後に点 R からどれだけ上昇するか．

問 2 図のように，長さ L [m] の軽いひもの一端を点 O に固定し，他端には質量 m [kg] の小球 A をつけてつり下げた．点 O の真下にある A に対して初速度 v_0 [m/s] を与えたところ，A は半径 L の円運動を始めた．ただし，重力加速度の大きさを g [m/s^2] とする．

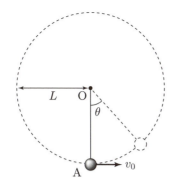

(a) A がはじめの位置から角度 θ [rad] だけ運動したとき，A に生じている運動方向の加速度の大きさはいくらか．

(b) (a) のとき，A に生じているひもの延長線上の加速度の大きさはいくらか．

(c) (a) のとき，A に作用しているひもの張力の大きさはいくらか．

問3 図のように，長さ L [m] の軽いひもの一端を点 O に固定し，他端には質量 m [kg] の小球 A をつけてつり下げ，点 O の真下にある A に対して初速度 v_0 [m/s] を与える．A が円軌道を描くためには，v_0 にどのような条件が必要か．

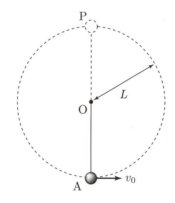

問4 地球表面から質量 m [kg] の小球 A を鉛直上方へ速度 v [m/s] で打ち上げる．ただし，万有引力定数を G [N·m²/kg²]，地球の質量を $M_\oplus$ [kg]，地球の半径を $R_\oplus$ [m] とし，万有引力による位置エネルギーの基準を無限遠にとるものとする．

(a) A が高度 h [m] にあるときの力学的エネルギーはいくらか．

(b) A が地球に落下しなくなる最小の打ち上げの速さはいくらか．　この速さのことを**第2宇宙速度**とよぶ．

問5 図のように，ばね定数 k [N/m] の軽いばねの一端を天井に固定し，他端に質量 m [kg] の小球 A をつけてつり下げたところ，ばねは伸びて鉛直下向き x 軸の原点 O でつり合った．ただし，重力加速度の大きさを g [m/s²] とする．

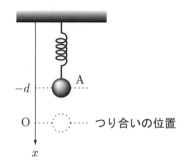

(a) A がつり合いの位置にあるとき，ばねの伸び X [m] はいくらか．
(b) A を d [m]（$d < X$）だけ持ち上げて，静かに放したところ単振動を始めた．A が O を通過するときの速さはいくらか．
(c) (b) のとき，ばねの最大の伸びはいくらか．

問 6 図のように，あらい水平面上でばね定数 k の軽いばねの一端を固定し，他端に質量 m [kg] の小物体 A をつけた．ばねを L_0 [m] だけ縮めて A を静かに放したところ，A は水平面上を移動し，原点から L_1 [m] の位置で静止した．ただし，ばねが自然な長さのときの A の位置を x 軸の原点とし，重力加速度の大きさを g [m/s^2] とする．

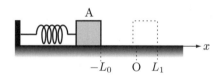

(a) A を放してから静止するまでに，摩擦力がした仕事により失われたエネルギーはいくらか．
(b) A と水平面との間の動摩擦係数はいくらか．

第13章　運動量

― この章の到達目標 ―
- ☞ 運動量の概念について理解する
- ☞ 衝突現象について理解する

　自動車事故のような衝突現象，あるいはビリヤードの玉の衝突やバットでボールを打つなど，身の回りで起こる様々な衝突現象は，運動量という物理量で理解することができる．本章では，衝突の前後での運動の変化や，エネルギーの変化などについて学習し，運動量について理解する．

▶ 13.1　衝突

　2つの物体が，接触している短い時間の間だけ力を及ぼし合う現象を**衝突**とよぶ．一般には，物体にはたらく力がわかれば，運動方程式を解くことで運動のようすを調べることができる．しかし，衝突ではごく短い時間しか物体に力が作用しないため，その間の時間変化を調べることができない．そもそも，衝突時にどのような力が2つの物体の間でやり取りされているのか，正しくそのようすを表せないことも多い．

　したがって，運動方程式を解いて衝突時の運動のようすを調べることはせず，衝突の前後で，結果的に運動にどのような変化が起こるかに着目することになる．

▶ 13.2　力積と運動量

　図 13.1 のように，なめらかな水平面上を速度 $\vec{v}_1$ [m/s] で運動する質量 m [kg] の小物体 A に，点 P から点 Q を通過する時間 Δt [s] の間だけ，一定の力 $\vec{F}$ [N] が作用し，A の速度が $\vec{v}_2$ [m/s] になったとする．

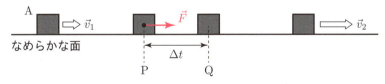

図 13.1：短い時間だけ作用する力

ここで，力を加える前後で A の運動のようすがどのように変化したかを考えてみる．

力が作用している PQ 間で，A に生じている加速度 $\vec{a}$ [m/s^2] は

$$\vec{a} = \frac{\vec{v}_2 - \vec{v}_1}{\Delta t} \tag{13.1}$$

なので，運動方程式 $m\vec{a} = \vec{F}$ より，つぎの関係式が得られる．

$$m\vec{v}_2 - m\vec{v}_1 = \vec{F}\Delta t \tag{13.2}$$

式 (13.2) で，$\vec{F}\Delta t$ [N·s] のことを**力積**とよぶ．さらに，$m\vec{v}_1$ [kg·m/s] や $m\vec{v}_2$ [kg·m/s] のような質量と速度の積のことを**運動量**とよび，つぎのように記号 $\vec{p}$ で表すことが多い．

$$\vec{p} = m\vec{v} \tag{13.3}$$

つまり，式 (13.2) は，力が作用する前後での運動量の変化と力積は等しいという関係を表している．

式 (13.2) は，項を入れ替えると，つぎのように表される．

$$m\vec{v}_2 = m\vec{v}_1 + \vec{F}\Delta t \tag{13.4}$$

これは，はじめの運動量に力積を加えるとおわりの運動量となることを意味し，図 13.2 のように考えることができる．

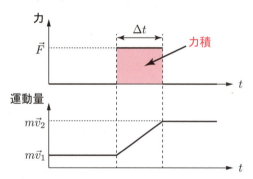

図 13.2: 力積の分だけ運動量が増える

▶ 13.3　撃力

固体の物体同士の衝突では，互いに力を及ぼし合うのはごく短い時間であり，その間に作用する力の大きさが一定であると限らない．図 13.3 のように，はじめは小さく，急に大きくなるような時間変化をするかもしれないが，一般にはよくわからないことが多い．

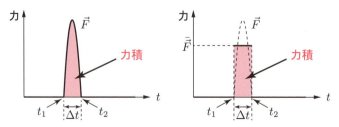

図 13.3: 撃力と平均の力

このような瞬間的に作用する力のことを**撃力**とよぶ．撃力の場合でも，図 13.2 のように，$\vec{F}$ によって囲まれた面積を力積として扱えばよい．形式的に面積を求めるには，$\vec{F}$ を撃力の作用開始時刻 t_1 [s] と作用終了時刻 t_2 [s] の間で積分すればよいので，運動方程式 $m\dfrac{\mathrm{d}\vec{v}}{\mathrm{d}t} = \vec{F}$ の辺々を定積分すると

> そもそも，$\vec{F}(t)$ がわからないので，実際の積分計算はできない．

$$\int_{t_1}^{t_2} m\frac{\mathrm{d}\vec{v}}{\mathrm{d}t}\mathrm{d}t = \int_{t_1}^{t_2} \vec{F}\,\mathrm{d}t \tag{13.5}$$

となり，式 (13.5) の右辺が力積を表している．これを I [N·s] と表せば

$$I = m\vec{v}(t_2) - m\vec{v}(t_1) \tag{13.6}$$

となる．

また，このようにして求めた面積とちょうど等しくなる矩形の高さ $\bar{\vec{F}}$ [N] のことを，力積 I を与える**平均の力**とよぶ．

Q1 式 (13.6) を確認せよ．

Q2 衝突において物体同士に作用した力の時刻 t [s] での大きさが，つぎのようであったとする．接触開始時刻を 0 とし，接触終了時刻を T [s] とすると，この間の力積と平均の力の大きさはいくらか．

$$F(t) = \sin^2\left(\frac{\pi t}{T}\right)$$

▶ 13.4 衝突時の力の評価

一般的には，衝突時に作用している力のようすはわからないので，式 (13.5) の右辺のような計算によって，力積を直接求めることはできない．しかし，運動量変化は観測することができるので，式 (13.6) から力積を評価することはできる．

図 13.4 のように，速度 $\vec{v}$ [m/s] で運動していた質量 m [kg] の小物体 A が壁に衝突して静止したとすれば，運動量変化が $-m\vec{v}$ となり，この衝突で壁から A に与えられた力積は $-m\vec{v}$ ということになる．

> $0 - m\vec{v} = -m\vec{v}$

図 13.4：平均の力

この衝突を観測していて，衝突時間（接触から静止まで）が Δt [s] であったとすれば，A に及ぼされた平均の力 $\bar{\vec{F}}$ [N] は

$$\bar{\vec{F}} = -\frac{m\vec{v}}{\Delta t} \tag{13.7}$$

> もちろん，マイナス符号は進行方向と逆向きを意味している．

によって評価される．

このように，運動していたものが衝突によって静止する状況は比較的多くあるが，高いところから地面に飛び降りたり，事故で壁に激突するなど，

あまりよくない事例が多いかもしれない．そんな場合でも，Δt を大きくしさえすれば，加えられる平均の力をできるだけ小さくすることができる．

飛び降りたときに膝を曲げることや，自動車事故では車体がつぶれたりエアバッグが開くことで，Δt を長くする工夫ができる．

> **例題 37**
>
> 図 13.4 で，A を質量 1.6×10^3 kg の自動車とし，速度 36 km/h で壁にまっすぐに衝突して静止したとする．車が壁に接触してから静止するまでに要した時間が 4.0×10^{-2} s だとすると，この車に作用した平均の力の大きさはいくらか．

3.6 で割る

解説 まず，速度の単位を [km/h] から [m/s] に直すと 10 m/s となる．これより，車が衝突で加えられた力積 I [N·s] は

$$I = -1.6 \times 10^3 \cdot 10 = -1.6 \times 10^4$$

となる．したがって，平均の力 $\bar{\vec{F}}$ [N] は衝突時間で割り

$$\bar{\vec{F}} = -1.6 \times 10^4 \div (4.0 \times 10^{-2}) = -4.0 \times 10^5$$

となる．よって，大きさは 4.0×10^5 N である．

▶ 13.5 運動量保存の法則

図 13.5(a) のように，質量 m_a [kg] と m_b [kg] の小球 A と B が衝突するようすを考える．衝突前，A と B はそれぞれ速度 $\vec{v}_a$ [m/s] と $\vec{v}_b$ [m/s] であったものが，衝突後には，速度 $\vec{v}_a{}'$ [m/s] と $\vec{v}_b{}'$ [m/s] となったとする．

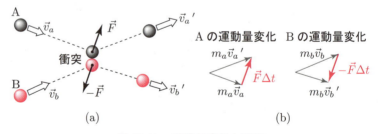

図 13.5：運動量変化と衝突

A と B が衝突時に接触している時間を Δt [s] だとすれば，この間に A と B は互いに力を及ぼし合っているが，作用反作用の法則により，同じ大きさ F [N] で互いに反対方向を向いている．簡単のため，A が B から受ける力 $\vec{F}$ は Δt の間は一定であるとする．

力が変化する場合には，Δt の時間にわたり積分すればよい．

A と B に外力が作用していない場合，A が衝突で受けた力積により変化した運動量は

$$m_a \vec{v}_a{}' - m_a \vec{v}_a = \vec{F} \Delta t \tag{13.8}$$

で表され，B が衝突で受けた力積により変化した運動量は

$$m_b \vec{v}_b{}' - m_b \vec{v}_b = -\vec{F} \Delta t \tag{13.9}$$

と表される.式 (13.8) と式 (13.9) を辺々加えて整理すると,次式が得られる.

$$m_a\vec{v}_a{}' + m_b\vec{v}_b{}' = m_a\vec{v}_a + m_b\vec{v}_b \tag{13.10}$$

式 (13.10) は,衝突の前後で A と B の運動量の和が等しいことを表している.

このように,衝突の前後を通して外力がはたらかない場合,考えている系の運動量の和は時間変化しない.これを**運動量保存の法則**とよぶ.

例題 38

図のように,x 軸上を正の向きに速度 $\vec{v}_a$ [m/s] で運動する小球 A と y 軸上を正の向きに速度 $\vec{v}_b$ [m/s] で運動する小球 B が原点で衝突し,その後に一体となって運動した.このとき,衝突後の**一体となった A と B の速度**はいくらか.ただし,A と B の質量はともに m [kg] であるとし,A と B に外力ははたらいていないものとする.

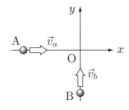

解説 外力がないため,運動量保存の法則により,衝突の前後で運動量は保存する.

衝突前の A の運動量 $\vec{p}_a$ [kg·m/s] と B の運動量 $\vec{p}_b$ [kg·m/s] を成分表示すると

$$\vec{p}_a = (mv_a, 0), \quad \vec{p}_b = (0, mv_b)$$

となる.また,図のように,衝突後の A と B の速度を $\vec{V}$ [m/s] とおくと,質量は $2m$ なので,運動量 $\vec{P}$ [kg·m/s] は

$$\vec{P} = (2mV_x, 2mV_y)$$

と表される.

衝突の前後で,式 (13.10) を成分表示すれば,

$$(mv_a, mv_b) = (2mV_x, 2mV_y)$$

となるので,衝突後の速度は

$$\vec{V} = \left(\frac{v_a}{2}, \frac{v_b}{2}\right)$$

と表される．これより，速さ V は

$$V = \frac{1}{2}\sqrt{v_a{}^2 + v_b{}^2}$$

であり，向きは $\vec{V}$ と x 軸のなす角を θ〔rad〕とすれば，

$$\tan\theta = \frac{v_b}{v_a}$$

となるような角度である． ∎

Q3 x 軸上を正の向きに速度 3.0 m/s で進む質量 2.0 kg の小球 A と負の向きに速度 −2.0 m/s で進む質量 3.0 kg の小球 B が，正面衝突したあと一体となった．このとき，A と B の衝突後の速度はいくらか．

13.6 はねかえり係数

図 13.6 のように，なめらかな水平面を運動する小物体 A が壁と正面衝突してはねかえるようすを考える．

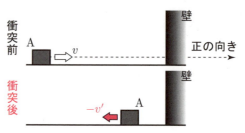

図 13.6：衝突前後での速度変化

A は直線上を運動するので，正負の符号で速度の向きを表すことができる．衝突前の進行方向を正として，衝突前の速度を v〔m/s〕，衝突後の速度を $-v'$〔m/s〕とおけば，壁でのはねかえりの度合いは，この速度の比の値 e で考えることができる．

$$e = \frac{-v'}{v} \tag{13.11}$$

この比の値 e のことを**はねかえり係数**あるいは**反発係数**とよび，衝突後に勢いが増すことはないので，$0 \leq e \leq 1$ の範囲である．

e は 1 に近いほど，つまり衝突の前後で速度変化が少ないほど，より反発していることを表しており，特に $e = 1$ となるような衝突のことを**弾性衝突**とよぶ．これは理想的な衝突であり，現実には勢いが下がることが多く，$e \neq 1$ となり，**非弾性衝突**とよばれる．まったくはねかえらないような極端な場合，$e = 0$ となり，**完全非弾性衝突**とよばれる．

> はねかえり係数でマイナス符号がついているが，値自体は正の領域にある．はねかえるときには，必ず相対速度の向きが逆転するために，式の上ではマイナスつきで定義して正の値としている．

▶▶ 2 つの物体の衝突

図 13.7 のように，なめらかな直線上を運動する小物体 A と B が衝突した．

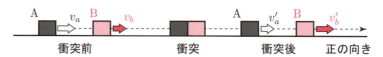

図 13.7：2 つの小物体の衝突

衝突前の A と B の速度はそれぞれ v_a [m/s] と v_b [m/s] で，衝突後はそれぞれ v_a' [m/s] と v_b' [m/s] であったとする．

A から見ると，衝突前に B が相対速度 $v_b - v_a$ で A に近づいてきて，衝突後に B は相対速度 $v_b' - v_a'$ で A から遠ざかっていく．衝突前の相対速度は，$v_b - v_a < 0$ であり，進行方向とは逆を向いている．式 (13.11) のように，比の値を正とするために，はねかえり係数 e は

$$e = -\frac{v_b' - v_a'}{v_b - v_a} \tag{13.12}$$

と表される．

▶**Q4** 図 13.7 で，右向きを正として，衝突前の A の速度を 4.0 m/s，B の速度を 2.0 m/s とし，衝突後の A の速度を 2.0 m/s とする．この衝突のはねかえり係数が 0.50 であるとき，B の衝突後の速度はいくらか．

▶▶ **衝突 1**

図 13.8 のように，なめらかな水平面上を 1 次元的に運動する質量 m_a [kg] と m_b [kg] の小物体 A と B があり，衝突前の速度をそれぞれ v_a [m/s] と v_b [m/s] とする．

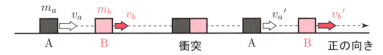

図 13.8：直線上の衝突

衝突後の A と B の速度を v_a' [m/s] と v_b' [m/s] とおき，衝突におけるはねかえり係数を e とおいて，この衝突のようすを考えてみる．

外力がはたらいていないので，運動量は保存され

$$m_a v_a + m_b v_b = m_a v_a' + m_b v_b' \tag{13.13}$$

となり，はねかえり係数の定義より

$$e = -\frac{v_b' - v_a'}{v_b - v_a} \tag{13.14}$$

となる．式 (13.13) と式 (13.14) については，衝突を考えるときには，いつも考えるべき関係式である．これらを連立させて衝突後の速度について解くと，次式が得られる．

$$\begin{cases} v_a' = \dfrac{m_a v_a + m_b v_b - m_a e(v_b - v_a)}{m_a + m_b} \\[2mm] v_b' = \dfrac{m_a v_a + m_b v_b + m_b e(v_b - v_a)}{m_a + m_b} \end{cases} \tag{13.15}$$

特に，$e = 1$ として弾性衝突を考えると，

$$v_a' = \frac{(m_a - m_b)v_a + 2m_b v_b}{m_a + m_b}, \quad v_b' = \frac{2m_a v_a + (m_b - m_a)v_b}{m_a + m_b} \tag{13.16}$$

となり，さらに $m_a = m_b$ とすれば

$$v_a' = v_b, \quad v_b' = v_a \tag{13.17}$$

となり，単に速度の入れ替えが起きるだけであることがわかる．

また，弾性衝突では，つぎの関係が成り立つことがわかる．

$$\frac{1}{2}m_a v_a'^2 + \frac{1}{2}m_b v_b'^2 = \frac{1}{2}m_a v_a^2 + \frac{1}{2}m_b v_b^2 \tag{13.18}$$

つまり，弾性衝突では運動量だけでなく運動エネルギーも保存する．言い換えれば，非弾性衝突では，衝突の前後で運動エネルギーは保存しない．

> 実際には，運動量と運動エネルギーが保存する衝突のことを弾性衝突とよぶ．衝突で失われるエネルギーは，ほとんどが熱エネルギーとなるが，そのようすについてはこのあとの章で扱う．

Q5 式 (13.18) を確認せよ．

▶▶ 衝突 2

図 13.9 のように，小球 A がなめらかな水平面に鉛直線と角度 θ_1 [rad] をなして速度 $\vec{v}$ [m/s] で衝突し，角度 θ_2 [rad] の方向へ速度 $\vec{v}'$ [m/s] ではねかえるようすを考える．

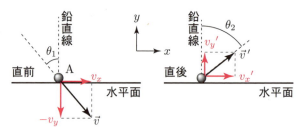

図 13.9： なめらかな水平面との衝突

x-y 座標をとると，衝突時になめらかな水平面からは力を受けないので，衝突の前後で速度の x 成分は変化しない．

> 力積がなければ運動量は変化せず，この場合は速度も変化しない．

$$v_x' = v_x \tag{13.19}$$

この衝突におけるはねかえり係数を e とおけば，衝突前後における速度の y 成分の比の値は，

$$e = -\frac{v_y'}{-v_y} \tag{13.20}$$

となるので，

> 鉛直方には重力が作用しているが，衝突時間が極めて短いとすれば，重力による力積は小球と水平面との間の撃力による力積と比べて無視できるくらいに小さい．

$$v_y' = e v_y \tag{13.21}$$

となる．

このとき，A の衝突前後における速度と鉛直線とのなす角は，つぎの関係がある．

$$\tan\theta_1 = \frac{v_x}{v_y}, \quad \tan\theta_2 = \frac{v_x'}{v_y'} = \frac{1}{e}\tan\theta_1 \tag{13.22}$$

したがって，弾性衝突では $\theta_2 = \theta_1$ となるので，はねかえるときの角度は等しくなる．

Q6 図 13.9 において，$\theta_1 = \frac{\pi}{6}$ で $\theta_2 = \frac{\pi}{4}$ であったとすると，はねかえり係数はいくらか．

章末問題

問1 質量 1.5×10^3 kg の自動車が 72 km/h で壁に衝突して静止した．自動車が壁に接触してから静止するまで 0.10 秒だったとすると，この間に作用した平均の力の大きさはいくらか．

問2 図のように，高さ h [m] の水平でなめらかな台の上に小球 A が静止しており，A に向かって小球 B が速さ v [m/s] で衝突する．その後，A と B は台から水平に飛び出し，台の端の位置を原点とする x 軸上の水平面に落下した．このとき，A と B は同じ鉛直面内を運動し，落下位置はそれぞれ原点から L_A [m] と L_B [m] であった．ただし，重力加速度の大きさを g [m/s^2] とする．

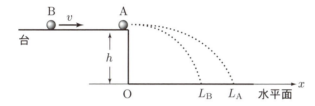

(a) 衝突後の A と B の速さはいくらか．
(b) A と B の衝突におけるはねかえり係数はいくらか．

問3 図のように，U字形をしたなめらかな針金に質量 $3m$ [kg] の小球 A を通したところ，最下点で静止した．さらに，質量 m [kg] の小球 B を針金に通し，最下点より高さ $4R$ [m] の位置から静かに放したところ，針金に沿って移動し A と弾性衝突した．ただし，重力加速度の大きさを g [m/s^2] とし，U字部分の半径を R [m] とする．

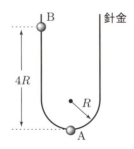

(a) 衝突直後の A と B の速さはいくらか．
(b) 衝突後に，A と B は最下点からどれだけはね上がるか．

問4 小球 A を高さ h [m] から自由落下させる．A は地面ではねかえり係数 e の衝突をしてはね上がり，再び落下した．このとき，A の落下開始から，はね上がって再び落下を開始するまでの時間はいくらか．また，はね上がった後，落下を開始したときの高さはいくらか．ただし，重力加速度の大きさを g [m/s^2] とする．

問 5 図のように，水平と角 45° をなすなめらかな斜面上の点 P の上方 h [m] の位置から小球 A を自由落下させる．A は点 P で弾性衝突した後，再び斜面と点 Q で衝突した．ただし，重力加速度の大きさを g [m/s^2] とする．

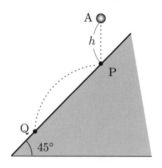

(a) PQ 間の距離はいくらか．
(b) 点 Q に衝突する直前の A の速さはいくらか．

問 6 x-y 座標上を質量 200 g の小球 A は $\vec{v}_A = (2.0, 0)$ で，質量 100 g の小球 B は $\vec{v}_B = (0, 6.0)$ で進み，原点 O で衝突した．衝突後，A の速度成分は $(0, 1.0)$ となったとすると，衝突後の B の速さはいくらか．ただし，速度成分の単位は [m/s] であるとする．

問 7 図のように，なめらかな水平面上に，それぞれ質量 m_A [kg] と m_B [kg] の小球 A と B が，ばね定数 k [N/m] の軽いばねと接している．A と B に両側から力を加えて，ばねを自然の長さから L [m] だけ縮め，静かに放したところ A と B は互いに反対方向に運動した．このとき，A と B とばねは同じ鉛直面内にあるものとする．

(a) ばねと離れたあとに A がもつ運動エネルギーはいくらか．
(b) ばねと離れたあとの B の速さはいくらか．

第14章 質点系の運動

この章の到達目標

- 質点系の運動方程式について理解する
- 重心運動と相対運動について理解する

一般の物体は，多くの粒子の集合体であり，これらの運動をすべて解いてはじめて物体の運動を理解することができる．しかし，実際には物体自体をこのような粒子の集まりとして考えずに，ひとつの質点として扱うことが多い．本章では，どのようにして物体を質点として扱うことができるといえるのかについて学習する．また，衝突によるエネルギー損失が，どのような形になるのかについても併せて学ぶことにする．

▶ 14.1 2つの質点の運動

▶▶ 内力のみの場合

2つの質点が，互いに力を及ぼし合いながら運動する場合を考える．図14.1のように，質量 m_1 〔kg〕と m_2 〔kg〕の質点1と質点2の位置ベクトルを $\vec{r}_1$ 〔m〕および $\vec{r}_2$ 〔m〕とおく．

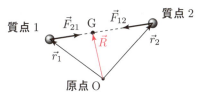

図 14.1：2つの質点の運動

この章では，多数の質点を一般化して考えるため，質点を数字で区別し，座標ではなく位置ベクトルを多用する．

2つの質点の重心 G の位置 $\vec{R}$ 〔m〕は，式 (3.10) を利用すると，

$$\vec{R} = \frac{m_1 \vec{r}_1 + m_2 \vec{r}_2}{m_1 + m_2} \tag{14.1}$$

と表されるので，全質量を M 〔kg〕とおけば式 (14.1) は，つぎのように表される．

$$M\vec{R} = m_1 \vec{r}_1 + m_2 \vec{r}_2 \tag{14.2}$$

ただし，$M = m_1 + m_2$ である．

質点1が質点2に及ぼしている力を $\vec{F}_{12}$ 〔N〕，質点2が質点1に及ぼしている力を $\vec{F}_{21}$ 〔N〕とおき，外力がはたらいていないとすれば，これらの運動方程式はつぎのようになる．

$$m_1 \frac{\mathrm{d}^2 \vec{r}_1}{\mathrm{d}t^2} = \vec{F}_{21}, \quad m_2 \frac{\mathrm{d}^2 \vec{r}_2}{\mathrm{d}t^2} = \vec{F}_{12} \tag{14.3}$$

内力である $\vec{F}_{12}$ と $\vec{F}_{21}$ は，作用反作用の関係があるので，

$$\vec{F}_{12} = -\vec{F}_{21} \tag{14.4}$$

と表される．したがって，式 (14.3) の辺々を加えると

$$m_1 \frac{\mathrm{d}^2 \vec{r}_1}{\mathrm{d}t^2} + m_2 \frac{\mathrm{d}^2 \vec{r}_2}{\mathrm{d}t^2} = 0 \tag{14.5}$$

となり，式 (14.2) を利用すれば，式 (14.5) は重心 G の位置ベクトル $\vec{R}$ を用いて，つぎのように表される．

$$M \frac{\mathrm{d}^2 R}{\mathrm{d}t^2} = 0 \tag{14.6}$$

式 (14.6) は，重心 G の加速度は 0 であることを示しており，はじめ速度が 0 であれば重心 G は静止したままであることを意味する．

▶▶ 外力がある場合

図 14.2 のように，互いに及ぼしている力のほかに，質点 1 と質点 2 に対して外から力 $\vec{F}_1$ [N] と $\vec{F}_2$ [N] が加わる場合を考えてみる．

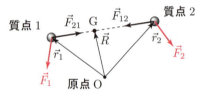

図 14.2：2 つの質点の運動 2

質点 1 と質点 2 に対する運動方程式は，容易に拡張され，

$$m_1 \frac{\mathrm{d}^2 \vec{r}_1}{\mathrm{d}t^2} = \vec{F}_1 + \vec{F}_{21}, \quad m_2 \frac{\mathrm{d}^2 \vec{r}_2}{\mathrm{d}t^2} = \vec{F}_2 + \vec{F}_{12} \tag{14.7}$$

となる．したがって，辺々を加えて重心 G に対する運動方程式を求めると

$$M \frac{\mathrm{d}^2 R}{\mathrm{d}t^2} = \vec{F}_1 + \vec{F}_2 \tag{14.8}$$

となり，重心 G はそれぞれの質点に加えられた外力の和によって，その運動が決められることがわかる．

例題 39

図のように，質量 2.0 kg の小球 A と質量 6.0 kg の小球 B が長さ 4.0 m の軽い棒の両端についており，A と B に対してそれぞれ大きさ 6.0 N および 2.0 N の力を加えた．このとき，A と B の重心 G の位置と重心 G に生じている加速度はいくらか．

6.0 N ←── A ──棒── B ──→ 2.0 N

解説 図のように A の位置を原点とする x 軸をとれば，重心 G の x 座標 x_G [m] に対して，つぎの関係が成り立つ．

$$x_G = \frac{2.0 \times 0 + 6.0 \times 4.0}{2.0 + 6.0} = 3.0\,\mathrm{m}$$

したがって，重心 G は A から 3.0 m だけ B のほうへ移動した点である．

また，重心 G に対する運動方程式は式 (14.8) より，

$$(2.0 + 6.0)\frac{\mathrm{d}^2 x_G}{\mathrm{d}t^2} = 2.0 - 6.0$$

となり，

$$\frac{\mathrm{d}^2 x_G}{\mathrm{d}t^2} = -0.50$$

となる．したがって，重心 G に生じている加速度は x 軸の負の向きに大きさ $0.50\,\mathrm{m/s^2}$ である．∎

▶ 14.2　N 個の質点の運動

3つ以上の質点を考えるために，質点の数を N とする．このような質点の集まりを**質点系**とよぶ．i 番目の質点が j 番目の質点に対して及ぼす力を $\vec{F}_{ij}$ 〔N〕とおく．作用反作用の法則より，j 番目の質点が i 番目の質点に及ぼす力 $\vec{F}_{ji}$ 〔N〕とは，

$$\vec{F}_{ji} = -\vec{F}_{ij} \tag{14.9}$$

という関係がある．また，i 番目の質点の質量を m_i 〔kg〕，位置ベクトルを $\vec{r}_i$ 〔m〕とし，i 番目の質点に作用している外力を $\vec{F}_i$ 〔N〕とおけば，各質点に対する運動方程式は，つぎのように表される．

$$\begin{aligned} m_1 \frac{\mathrm{d}^2 \vec{r}_1}{\mathrm{d}t^2} &= \vec{F}_1 + \vec{F}_{21} + \vec{F}_{31} + \cdots + \vec{F}_{N1} \\ m_2 \frac{\mathrm{d}^2 \vec{r}_2}{\mathrm{d}t^2} &= \vec{F}_2 + \vec{F}_{12} + \vec{F}_{32} + \cdots + \vec{F}_{N2} \\ &\vdots \\ m_N \frac{\mathrm{d}^2 \vec{r}_N}{\mathrm{d}t^2} &= \vec{F}_N + \vec{F}_{1N} + \vec{F}_{2N} + \cdots + \vec{F}_{N-1 N} \end{aligned} \tag{14.10}$$

式 (14.10) の辺々をすべて加えると，

$$m_1 \frac{\mathrm{d}^2 \vec{r}_1}{\mathrm{d}t^2} + m_2 \frac{\mathrm{d}^2 \vec{r}_2}{\mathrm{d}t^2} + \cdots + m_N \frac{\mathrm{d}^2 \vec{r}_N}{\mathrm{d}t^2} = \vec{F}_1 + \vec{F}_2 + \cdots + \vec{F}_N \tag{14.11}$$

となる．ここで，重心の位置ベクトル $\vec{R}$ 〔m〕と全質量の和 M 〔kg〕を用いると，運動方程式はつぎのように書き表される．

$$M\frac{\mathrm{d}^2 \vec{R}}{\mathrm{d}t^2} = \vec{F}_1 + \vec{F}_2 + \cdots + \vec{F}_N \tag{14.12}$$

ただし，$\vec{R}$ と M は，つぎのように与えられる．

$$\vec{R} = \frac{m_1 \vec{r}_1 + m_2 \vec{r}_2 + \cdots + m_N \vec{r}_N}{m_1 + m_2 + \cdots + m_N}, \quad M = m_1 + m_2 + \cdots + m_N \tag{14.13}$$

式 (14.12) の左辺は質点系の全質量とその重心の加速度を表しており，右辺は各質点に作用している外力の和である．したがって，質点系の運動は，重心に全質量が集中した 1 つの質点に対して，すべての力が作用し，それによって運動が決まると考えられる．つまり，外力が作用していない場合には，質点系の重心は等加速度運動をすることになる．

▶▶ 運動量の保存

i 番目の質点の運動量 $\vec{p}_i$ [kg·m/s] を

$$\vec{p}_i = m_i \frac{d\vec{r}_i}{dt} \tag{14.14}$$

とおけば，式 (14.12) をつぎのように表すことができる．

$$\frac{d\vec{p}_1}{dt} + \frac{d\vec{p}_2}{dt} + \cdots + \frac{d\vec{p}_N}{dt} = \vec{F}_1 + \vec{F}_2 + \cdots + \vec{F}_N \tag{14.15}$$

ここで，全運動量の和 $\vec{P}$ [kg·m/s] を用いると，

$$\frac{d\vec{P}}{dt} = \vec{F}_1 + \vec{F}_2 + \cdots + \vec{F}_N \tag{14.16}$$

となる．ただし，$\vec{P} = \vec{p}_1 + \vec{p}_2 + \cdots + \vec{p}_N$ である．さらに，重心の位置ベクトル $\vec{R}$ を用いると

$$\vec{P} = M\frac{d\vec{R}}{dt} \tag{14.17}$$

と表されるので，

1. 外力が作用しなければ，系の全運動量は保存する
2. 質点系の全運動量は，重心に全質量が集中したとしたときの質点の運動量に等しい

といったことが示される．

▶ **Q1** 式 (14.17) を確認せよ．

▶ 14.3 重心運動と相対運動のエネルギー

いくつかの質点の集まりの運動を考えるとき，全質量が重心にある 1 つの質点として考えれば，系全体の運動を評価できることがわかった．しかし，全体ではなく個々の質点の運動を評価するには，どうすればよいだろうか．そこで，図 14.3 のように，重心と個々の質点の運動を分けて考えてみる．

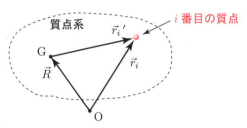

図 14.3: 重心運動と相対運動

原点 O から重心 G までの位置ベクトル $\vec{R}$ [m], 質点系の中の i 番目の質点の位置ベクトル $\vec{r}_i$ [m], 重心 G から見た i 番目の質点の位置ベクトル $\vec{r}_i{'}$ [m] の間には, つぎの関係がある.

$$\vec{r}_i = \vec{R} + \vec{r}_i{'} \tag{14.18}$$

$\vec{r}_i$ の時間変化は i 番目の質点の運動を表すが, これは $\vec{R}$ の時間変化である重心の運動と $\vec{r}_i{'}$ の時間変化である重心に対する相対運動によって表されることを示している.

式 (14.18) の各項を時間微分したものを $\vec{v}_i$ [m/s], $\vec{V}$ [m/s], $\vec{v}_i{'}$ [m/s] とおけば,

$$\vec{v}_i = \vec{V} + \vec{v}_i{'} \tag{14.19}$$

となり, i 番目の質点の速度, 重心の速度, 重心に対する i 番目の質点の相対速度をそれぞれ表すことになる.

式 (14.18) と式 (14.19) の両辺に i 番目の質点の質量 m_i [kg] をかけて, すべての i について和をとると

$$\sum_{i=1}^{N} m_i \vec{r}_i = \sum_{i=1}^{N} m_i \vec{R} + \sum_{i=1}^{N} m_i \vec{r}_i{'} \tag{14.20}$$

および

$$\sum_{i=1}^{N} m_i \vec{v}_i = \sum_{i=1}^{N} m_i \vec{V} + \sum_{i=1}^{N} m_i \vec{v}_i{'} \tag{14.21}$$

となるが,

$$\vec{R} = \frac{\displaystyle\sum_{i=1}^{N} m_i \vec{r}_i}{\displaystyle\sum_{i=1}^{N} m_i} \tag{14.22}$$

なので, 結果的に次式を得る.

$$\sum_{i=1}^{N} m_i \vec{r}_i{'} = 0, \quad \sum_{i=1}^{N} m_i \vec{v}_i{'} = 0 \tag{14.23}$$

さらに, 式 (14.19) の辺々を 2 乗すると, ベクトルの内積により $\vec{v}_i \cdot \vec{v}_i = v_i{}^2$ などと書けば,

$$v_i{}^2 = V^2 + v_i{'}^2 + 2\vec{V} \cdot \vec{v}_i{'} \tag{14.24}$$

となり, これに $\frac{1}{2} m_i$ をかけてすべての質点について和をとると

$$\sum_{i=1}^{N} \frac{1}{2} m_i v_i{}^2 = \frac{1}{2} M V^2 + \sum_{i=1}^{N} \frac{1}{2} m_i v_i{'}^2 \tag{14.25}$$

となる. ただし, 式 (14.24) の右辺第 3 項は式 (14.23) により, 和をとることで 0 となっている.

式 (14.25) は, 個々の質点の運動エネルギーの和が, 重心の運動エネルギーと相対運動による運動エネルギーの和で与えられることを示しており,

質点系が全体としては運動していなくても，重心の周りで相対運動しているとエネルギーをもつことを表している．つまり，静止している物体であっても，重心に対して相対運動していればもっている内部の運動エネルギーなので，これを**内部エネルギー**とよぶ．このとき個々の相対運動は**熱運動**とよばれる．

摩擦や衝突によって式 (14.25) の右辺第 1 項である重心の運動エネルギーが減少したときには，その分が右辺第 2 項へ移動することで熱エネルギーに変換されているのである．

内部エネルギーへの変換以外には，質点間の位置エネルギーとしてたくわえられることもある．

▶ 14.4 角運動量

図 14.4(a) のように，点 O を固定した一様な棒の位置 $\vec{r}$ [m] にある点 P に力 $\vec{F}$ [N] を加えると，この力は点 O の周りに力のモーメントをもつ．このときの力のモーメント $\vec{N}$ [N·m] は，式 (3.2) で与えられ

$$\vec{N} = \vec{r} \times \vec{F} \tag{14.26}$$

である．$\vec{N}$ が 0 でない限り，棒は点 O を中心として回転が引き起こされる．

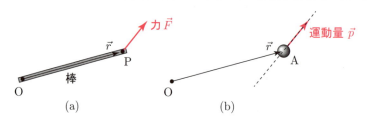

図 14.4(b) は，運動量 $\vec{p}$ [kg·m/s] で運動している小球 A の位置を $\vec{r}$ として表しており，式 (14.26) の $\vec{F}$ を $\vec{p}$ で置き換えたものを $\vec{\ell}$ [kg·m²/s] とおけば，

$$\vec{\ell} = \vec{r} \times \vec{p} \tag{14.27}$$

と表され，ちょうど運動量のモーメントとよぶべき量となる．これを，A が点 O の周りでもつ**角運動量**とよぶ．

質点の運動で角運動量を考える場合，図 14.4(b) のように，ある点 O から質点を指す $\vec{r}$ の変化が，回転運動と結びつくかがポイントとなる．図 14.5(a) のように，はじめから円運動しているような質点 A は，$\vec{r}$ は中心 O に対しては回転している．

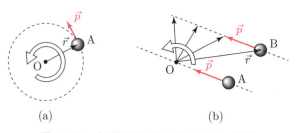

図 14.5：角運動量のある運動とない運動

しかし，図 14.5(b) では，質点 A は点 O に対してまっすぐ運動しているため，A の位置ベクトルは伸縮するだけであり，回転していない．ただ，同じ運動量をもつ質点 B は，点 O とはずれたところを運動しており，例え直線運動であっても $\vec{r}$ は点 O を通過するに当たり回転しているため，B の運動は点 O に対しては角運動量をもつことになる．

例題 40

質量 m [kg] の小球 A の時刻 t [s] での位置ベクトル $\vec{r}$ [m] が，角速度 ω [rad/s] と半径 R [m] を用いて，つぎのように表される等速円運動をしている．このとき，A が中心 O の周りでもつ角運動量はいくらか．

$$\vec{r} = (R\cos\omega t,\ R\sin\omega t,\ 0)$$

解説 A の速度 $\vec{v}$ [m/s] は，$\vec{r}$ を時間 t で微分して，

$$\vec{v} = (-R\omega\sin\omega t,\ R\omega\cos\omega t,\ 0)$$

となる．したがって，A の運動量 $\vec{p}$ [kg·m/s] は，

$$\vec{p} = m\vec{v} = (-mR\omega\sin\omega t,\ mR\omega\cos\omega t,\ 0)$$

と表される．角運動量 $\vec{\ell}$ [kg·m²/s] は，式 (14.27) のようにベクトルの外積で与えられているので，式 (1.27) を参考にして，それぞれの成分を求めると

$\ell_x = R\sin\omega t \times 0 - 0 \times mR\omega\cos\omega t = 0,$
$\ell_y = 0 \times (-mR\omega\sin\omega t) - R\cos\omega t \times 0 = 0,$
$\ell_z = R\cos\omega t \times mR\omega\cos\omega t - R\sin\omega t \times (-mR\omega\sin\omega t) = mR^2\omega$

したがって，$\vec{\ell} = (0,\ 0,\ mR^2\omega)$ となる． ■

Q2 質量 2.0 kg の小球 A の時刻 t [s] における位置ベクトル $\vec{r}$ [m] が，つぎのように表された．このとき，A が原点 O に対してもっている角運動量はいくらか．

$$\vec{r} = (2.0\cos 3.0t,\ 4.0\sin 3.0t,\ 0)$$

▶▶ **角運動量と運動方程式**

式 (14.27) を時間 t [s] で微分してみると，

$$\frac{d}{dt}(\vec{r} \times \vec{p}) = \frac{d\vec{r}}{dt} \times \vec{p} + \vec{r} \times \frac{d\vec{p}}{dt} \quad (14.28)$$

となる．$\dfrac{d\vec{r}}{dt} = \vec{v}$ なので，

$$\frac{d\vec{r}}{dt} \times \vec{p} = \vec{v} \times (m\vec{v}) = 0 \quad (14.29)$$

$\vec{v} \times \vec{v} = 0$

となり，角運動量の時間微分は

$$\frac{d}{dt}(\vec{r} \times \vec{p}) = \vec{r} \times \frac{d\vec{p}}{dt} \quad (14.30)$$

と表されることがわかる．

また，運動方程式は

$$\frac{d\vec{p}}{dt} = F \tag{14.31}$$

とも表されるので，これを利用すると角運動量の時間微分は

$$\frac{d}{dt}(\vec{r} \times \vec{p}) = \vec{r} \times \vec{F} \tag{14.32}$$

となる．この右辺は力のモーメント $\vec{N}$ [N·m] を表しているので，改めて角運動量 $\vec{\ell}$ [kg·m²/s] の時間微分は，つぎのように表すことができる．

$$\frac{d\vec{\ell}}{dt} = \vec{N} \tag{14.33}$$

式 (14.33) は，回転を伴うような運動をする質点に対して，角運動量の変化が力のモーメントによって引き起こされることを意味しており，**回転運動に対する運動方程式**とよばれる．また，式 (14.33) より，$\vec{N} = 0$ であれば，$\vec{\ell}$ は一定であることがわかり，質点の角運動量は変化しない．つまり，力のモーメントが作用しない限り，角運動量は保存される．これを**角運動量の保存則**とよぶ．

Q3 等速円運動している物体の角運動量は保存していることを確認せよ．

▶ 14.5 質点系の角運動量

質点の数を N とすると，質量 m_i [kg] の i 番目の質点の位置を $\vec{r}_i$ [m]，作用する外力を $\vec{F}_i$ [N]，j 番目の質点が i 番目の質点に及ぼす力を $\vec{F}_{ji}$ [N] として，質点系の運動方程式は式 (14.10) で表される．i 番目の質点の運動量 $\vec{p}_i$ [kg·m/s] が速度 $\vec{v}_i$ [m/s] を用いると $\vec{p}_i = m_i \vec{v}_i$ であることに注意して，i 番目の質点の運動方程式の辺々に $\vec{r}_i$ を外積としてかけると，つぎのようになる．

$$\vec{r}_i \times \frac{d\vec{p}_i}{dt} = \vec{r}_i \times \vec{F}_i + \vec{r}_i \times \vec{F}_{1i} + \vec{r}_i \times \vec{F}_{2i} + \cdots + \vec{r}_i \times \vec{F}_{Ni} \tag{14.34}$$

式 (14.34) の左辺は，式 (14.30) より，i 番目の質点の角運動量を $\vec{\ell}_i$ [kg·m²/s] とおけば

$$\frac{d\vec{\ell}_i}{dt} = \vec{r}_i \times \vec{F}_i + \vec{r}_i \times \vec{F}_{1i} + \vec{r}_i \times \vec{F}_{2i} + \cdots + \vec{r}_i \times \vec{F}_{Ni} \tag{14.35}$$

となる．

図 14.6(a) は i 番目の質点と j 番目の質点の間の力を表している．

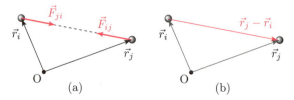

図 14.6：i 番目と j 番目の質点間に作用している力

それぞれに作用している力に対して $\vec{r}_i$ と $\vec{r}_j$ との外積をとり和をとると，作用反作用の法則（$\vec{F}_{ji} = -\vec{F}_{ij}$）により，つぎのようになる．

$$\vec{r}_i \times \vec{F}_{ji} + \vec{r}_j \times \vec{F}_{ij} = (\vec{r}_j - \vec{r}_i) \times \vec{F}_{ij} \tag{14.36}$$

図 14.6(b) より，$\vec{r}_j - \vec{r}_i$ は $\vec{F}_{ij}$ と平行なので式 (14.36) は 0 となる．これを利用して $i = 1$ から $i = N$ まで式 (14.35) の辺々の和をとると，内力の組み合わせがすべて消えるので

$$\frac{d\vec{L}}{dt} = \sum_{i=1}^{N} (\vec{r}_i \times \vec{F}_i) \tag{14.37}$$

となる．ただし，$\vec{L}$ [kg·m^2/s] は質点系の全角運動量で

$$\vec{L} = \sum_{i=1}^{N} \vec{\ell}_i \tag{14.38}$$

である．

式 (14.37) の右辺は，各質点に作用している力のモーメントの和であり，質点系全体の力のモーメントである．したがって，質点系の全体の角運動量の時間変化は，その系に作用している力のモーメントの総和によって決まることがわかる．つまり，系の力のモーメントの総和が 0 であれば，全角運動量は時間変化せず保存する．

▶▶ 重心の周りの角運動量

図 14.7(a) のように，ある原点 O から質点数 N の質点系を記述するとき，重心 G の位置を $\vec{R}$，i 番目の質点の位置を $\vec{r}_i$，重心 G から見た i 番目の質点の位置を $\vec{r}_i{}'$ として，i 番目の質点の運動を考えてみる．

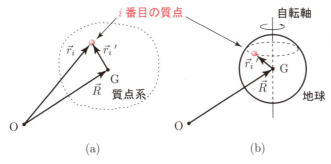

図 14.7: 重心の周りの回転運動

これはちょうど図 14.7(b) のように，自転している地球を質点系とみたときのある質点の運動を考えることに相当する．

それぞれの位置ベクトルと速度ベクトルの関係は

$$\vec{r}_i = \vec{R} + \vec{r}_i{}', \quad \vec{v}_i = \vec{V} + \vec{v}_i{}' \tag{14.39}$$

であり，i 番目の質点の角運動量 $\vec{\ell}_i$ は，質量 m_i と速度 $\vec{v}_i$ を用いて

$$\vec{\ell}_i = \vec{r}_i \times m_i \vec{v}_i \tag{14.40}$$

と表されるので，全角運動量 $\vec{L}$ は，つぎのようになる．

$$\begin{aligned}
\vec{L} &= \sum_{i=1}^{N} \vec{\ell}_i = \sum_{i=1}^{N} \vec{r}_i \times m_i \vec{v}_i \\
&= \sum_{i=1}^{N} (\vec{R} + \vec{r}_i{}') \times m_i (\vec{V} + \vec{v}_i{}') \\
&= \sum_{i=1}^{N} (\vec{R} \times m_i \vec{V} + \vec{R} \times m_i \vec{v}_i{}' + \vec{r}_i{}' \times m_i \vec{V} + \vec{r}_i{}' \times m_i \vec{v}_i{}') \\
&= \sum_{i=1}^{N} (\vec{R} \times m_i \vec{V} + \vec{r}_i{}' \times m_i \vec{v}_i{}')
\end{aligned} \quad (14.41)$$

式 (14.41) で，最後の等号への変形では，式 (14.23) により右辺第 2 項と第 3 項が消えている．ここで改めて，重心 G のもつ原点 O の周りの角運動量 $\vec{L}_\mathrm{G}$ と重心 G から見た各質点の角運動量の和 $\vec{L}'$ を，つぎのようにおくと

$$\vec{L}_\mathrm{G} = \sum_{i=1}^{N} \vec{R} \times m_i \vec{V}, \quad \vec{L}' = \sum_{i=1}^{N} \vec{r}_i{}' \times m_i \vec{v}_i{}' \quad (14.42)$$

式 (14.41) は

$$\vec{L} = \vec{L}_\mathrm{G} + \vec{L}' \quad (14.43)$$

と表され，質点系の全角運動量は，重心の角運動量と重心の周りの相対的な運動の角運動量の和で表されることがわかる．

全角運動量の時間微分は式 (14.37) で与えられ，重心の角運動量の時間微分は式 (14.42) を時間微分して

$$\begin{aligned}
\frac{\mathrm{d}\vec{L}_\mathrm{G}}{\mathrm{d}t} &= \sum_{i=1}^{N} \left(\vec{V} \times m_i \vec{V} + \vec{R} \times m_i \frac{\mathrm{d}\vec{V}}{\mathrm{d}t} \right) \\
&= \sum_{i=1}^{N} \vec{R} \times m_i \frac{\mathrm{d}\vec{V}}{\mathrm{d}t} = \vec{R} \times M \frac{\mathrm{d}\vec{V}}{\mathrm{d}t} \\
&= \vec{R} \times \sum_{i=1}^{N} \vec{F}_i
\end{aligned} \quad (14.44)$$

となる．これらを利用して，$\vec{L}'$ の時間微分は，つぎのように表される．

$$\begin{aligned}
\frac{\mathrm{d}\vec{L}'}{\mathrm{d}t} &= \frac{\mathrm{d}\vec{L}}{\mathrm{d}t} - \frac{\mathrm{d}\vec{L}_\mathrm{G}}{\mathrm{d}t} \\
&= \sum_{i=1}^{N} \vec{r}_i \times \vec{F}_i - \vec{R} \times \sum_{i=1}^{N} \vec{F}_i = \sum_{i=1}^{N} (\vec{r}_i - \vec{R}) \times \vec{F}_i \\
&= \sum_{i=1}^{N} \vec{r}_i{}' \times \vec{F}_i
\end{aligned} \quad (14.45)$$

式 (14.45) では，$\vec{L}_\mathrm{G} = 0$ で重心が静止していたとしても，重心の周りに力のモーメントがあれば，重心の周りに回転運動が引き起こされることを表している．

地球の運動における全角運動量 $\vec{L}$ は，公転による角運動量 $\vec{L}_\mathrm{G}$ と自転による角運動量 $\vec{L}'$ の和であることに対応する．

$\vec{V} \times \vec{V} = 0$
$M = \sum_{i=1}^{N} m_i$

章末問題

問1 図のように，なめらかな水平面上に質量 m_1 [kg] で長さ L [m] の一様な棒があり，その端に質量 m_2 [kg] の人が立っている．

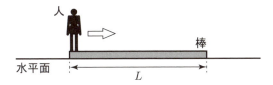

(a) 人と棒を1つの系と見なすと，この系の重心の位置はどこか．
(b) この人が矢印の向きに移動して，棒のもう一方の端に到達したとき，棒ははじめの位置からどれだけ移動しているか．

問2 図のように，なめらかな水平面上にある穴に軽いひもを通し，ひもの両端に質量 m [kg] の小球 A と B をつけて，A を水平面内で等速円運動させたところ，半径が r [m] の軌道を描いているときに B は静止した状態であった．ただし，重力加速度の大きさを g [m/s^2] とする．

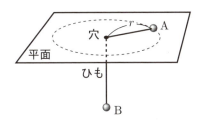

(a) A の速さはいくらか．
(b) B にさらに等しい質量の小球 C をつけたところ，円運動する A の半径が変化して，再び B と C は静止した．このとき，A の軌道半径と速さはいくらか．

問3 図のように，長さ L [m] の軽い棒1の一端を点 O に固定し，他端には両端に質量 m_1 [kg] と m_2 [kg] の小球 A と B をつけた長さ ℓ [m] の軽い棒2を，その重心 G で棒1に取りつけ，それぞれの棒を角速度の大きさ Ω [rad/s] と ω [rad/s] で回転させる．ただし，棒は自由に回転できるものとし，外力ははたらいていないものとする．

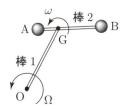

(a) この系の全運動エネルギーはいくらか．
(b) この系の全角運動量はいくらか．

第15章 剛体の運動

この章の到達目標

- 剛体が静止する条件について理解する
- 慣性モーメントについて理解する
- 剛体の平面運動について理解する

第3章で大きさのある物体で変形しないものとして剛体を取り上げたが，本章では質点の集合体として扱い，並進運動と回転運動について学習する．質点では存在しない回転運動では，新たに慣性モーメントという概念が必要となるので，その計算方法についても学習する．

▶ 15.1 質点系としての剛体

図 15.1 のように，大きさのある物体を細かく分割して，小物体の集合体として考える．

> 大きさのない点をいくら集めても大きさのある物体にはなれないが，ここでは無限に小さいが大きさのある小物体の集合体としてとらえることにする．

図 15.1：物体を分割して考える

小物体は質点と見なせるので，大きさのある物体は質点系として考えることができる．すると変形しない物体である剛体は，質点間の距離がすべて変化しない質点系として扱えばよいことになる．

質点系の運動は，系全体の移動である並進運動と重心の周りにおける回転運動で表されたので，剛体の運動もこれら2つで記述することができる．

▶ 15.2 剛体のつり合い

剛体の運動は並進運動と回転運動で表されるということは，剛体が静止するためには，並進運動も回転運動もしないことが求められる．重心が静止するためには，式 (14.12) より，系に作用する外力の和が 0 でなければならず，i 番目の質点に作用する外力を $\vec{F}_i$ 〔N〕とおけば，

$$\sum_{i=1}^{N} \vec{F}_i = 0 \tag{15.1}$$

とならねばならない．ただし，N は質点系における質点の数である．

重心が静止しており，重心の周りで回転運動もしていないとは，系の全角運動量が 0 を意味するので，式 (14.37) より，

$$\sum_{i=1}^{N} \vec{r}_i \times \vec{F}_i = 0 \tag{15.2}$$

となる必要がある．ただし，$\vec{r}_i$〔m〕は i 番目の質点の位置である．

式 (15.1) および式 (15.2) は，ともにベクトルの関係式であり，それぞれに x 成分，y 成分，z 成分の 3 つの関係式があるため，合計 6 つの条件式となる．

例題 41

図のように，重さ W〔N〕の一様な棒の両端の点 A と点 B に軽いひもをつけ，点 A につけたひもの他端を天井に固定し，点 B につけたひもを水平に力 $\vec{F}$〔N〕で引いたところ，天井とひものなす角が α〔rad〕で棒は水平となす角 β〔rad〕となって静止した．このとき，$\tan\alpha$ および $\tan\beta$ の値はいくらか．

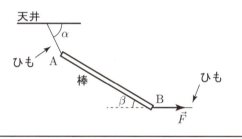

解説 棒に作用している張力 $\vec{T}$〔N〕と重さ $\vec{W}$ を描くと図のようになり，座標は z 軸が紙面手前方向を向くような xyz 座標をとる．

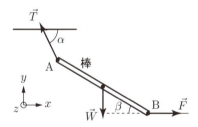

棒は剛体と見なせるので，静止している条件は式 (15.1) と式 (15.2) であり，作用している力に z 方向はないので式 (15.1) は

$$x \text{ 方向}: -T\cos\alpha + F = 0$$
$$y \text{ 方向}: T\sin\alpha - W = 0$$

となる．また，点 A の周りで力のモーメントを考えると，x 方向，y 方向がないので，棒の長さを L〔m〕とすれば式 (15.2) は

$$z \text{ 方向}: LF\sin\beta - \frac{L}{2}\cdot W\cos\beta = 0$$

となる．合力の式から T を消去すれば

$$\tan\alpha = \frac{W}{F}$$

と求まり，力のモーメントの和の式から L を消去すれば

$$\tan\beta = \frac{W}{2F}$$

と求まる.

15.3 固定軸の周りの運動

剛体に固定軸があり，その周りに回転運動する場合を考える．図15.2のように，固定軸を z 軸とするような xyz 座標をとり，剛体内の i 番目の質量 m_i [kg] の質点の位置を点 $\mathrm{P}(x_i, y_i, z_i)$ とする．

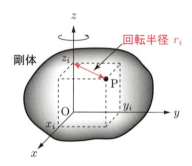

図15.2：固定軸の周りの回転運動

このとき，点 P は z 軸の周りで回転するため，回転半径 r_i [m] は

$$r_i = \sqrt{{x_i}^2 + {y_i}^2} \tag{15.3}$$

と表される．

軸の周りの回転運動では，剛体内の i 番目の質点と軸からの距離（回転半径 r_i）は一定なので，適当な軸を選んで，そこからの回転角 θ_i [rad] の時間変化のみで運動が記述できる．回転軸である z 軸の上から見て，回転角の基準を x 軸とすると，図15.3のようになる．

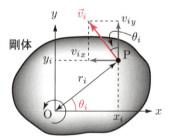

図15.3：回転角と回転運動

点 P は単に半径 r_i の円運動をすることがわかる．一般に，角速度の大きさは一定とは限らないが，剛体全体としては一律に回転するために，どの質点の運動を見てもすべて等しい値となる．これを ω [rad/s] とおけば，角速度の大きさは回転角を時間 t [s] で微分したものなので

$$\omega = \frac{\mathrm{d}\theta_i}{\mathrm{d}t} \tag{15.4}$$

である．点 P の速さ v_i [m/s] は

$$v_i = r_i \omega \tag{15.5}$$

と表されるので，速度の x 成分 v_{ix} [m/s] と y 成分 v_{iy} [m/s] は

$$\begin{cases} v_{ix} = -r_i \omega \sin\theta_i = -y_i \omega \\ v_{iy} = r_i \omega \cos\theta_i = x_i \omega \end{cases} \tag{15.6}$$

となる．したがって，点 P にある質点のもつ角運動量の z 成分 ℓ_{iz} [kg·m²/s] は

$$\begin{aligned} \ell_{iz} &= x_i \cdot m_i v_{iy} - y_i \cdot m_i v_{ix} \\ &= m_i x_i^2 \omega + m_i y_i^2 \omega \\ &= m_i (x_i^2 + y_i^2) \omega \\ &= m_i r_i^2 \omega \end{aligned} \tag{15.7}$$

回転軸を z 軸としたので，角運動量の x 成分と y 成分はともに 0 となる．

となり，剛体全体での全角運動量の z 成分 L_z [kg·m²/s] は，式 (15.7) をすべての質点について足し上げればよく，つぎのようになる．

$$L_z = \sum_{i=1}^{N} \ell_{iz} = \sum_{i=1}^{N} m_i r_i^2 \omega = I\omega \tag{15.8}$$

ただし，最後の等号で I [kg·m²] を，つぎのようにおいた．

$$I = \sum_{i=1}^{N} m_i r_i^2 \tag{15.9}$$

式 (15.9) は，各質点の質量と回転軸からの距離の 2 乗の総和であり，剛体の形状や回転軸のとり方で決まる定数である．これを**慣性モーメント**とよぶ．

式 (15.8) を用いると，剛体の回転を記述する運動方程式は，式 (14.37) より，

$$I\frac{d\omega}{dt} = \sum_{i=1}^{N} (x_i F_{iy} - y_i F_{ix}) \tag{15.10}$$

と表される．したがって，剛体に作用する外力による力のモーメントの総和が 0 であれば，角速度の大きさは一定となる．

▶▶ **実体振り子**

図 15.4 のように，質量 M [kg] の剛体の重心 G から，距離 R [m] だけ離れた点 O を通る水平な軸を固定軸とする運動を考える．

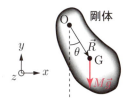

図 15.4：実体振り子

重力加速度を鉛直下向きのベクトル $\vec{g}$ [m/s²] とすると，剛体の点 O の周りでの重力による力のモーメント $\vec{N}$ [N·m] は

$$\vec{N} = \vec{R} \times M\vec{g} \tag{15.11}$$

であり，鉛直線と $\vec{R}$ のなす角を θ [rad] とし，図 15.4 のように xyz 座標をとれば，モーメントの z 成分 N_z は $N_z = R_x M g_y - R_y M g_x$ なので，

$$N_z = R\sin\theta \cdot (-Mg) \tag{15.12}$$

となる．

式 (15.10) で $\dfrac{d\omega}{dt} = \dfrac{d^2\theta}{dt^2}$ として，この剛体の慣性モーメントを I とおけば，点 O の周りにおける回転運動の運動方程式は，

$$I\frac{d^2\theta}{dt^2} = -MgR\sin\theta \tag{15.13}$$

と表される．

ここで，θ はじゅうぶんに小さく $\sin\theta = \theta$ と近似できる範囲にあるとすれば，式 (15.13) は，つぎのように表される．

$$I\frac{d^2\theta}{dt^2} = -MgR \cdot \theta \tag{15.14}$$

式 (15.14) で辺々を I で割ると，

$$\frac{d^2\theta}{dt^2} = -\left(\frac{MgR}{I}\right) \cdot \theta \tag{15.15}$$

となり，式 (15.15) と単振動における加速度の式 (10.7) を見比べると，ちょうど角振動数 ω [rad/s] を

$$\omega = \sqrt{\frac{MgR}{I}} \tag{15.16}$$

と見なせば，等しくなっていることがわかる．つまり，図 15.4 のような剛体の重心は単振動することがわかり，ちょうど単振り子と同じような運動となる．このような剛体による振り子のことを**実体振り子**とよぶ．

> 剛体に作用している力は，重力と回転軸が剛体を支える力と摩擦力であるが，理想的な回転軸では摩擦力は無視できるものとし，点 O の周りの力のモーメントには重力しか寄与しないと仮定している．

▶ **Q1** 図 15.4 で，実体振り子の周期はいくらか．

▶ **Q2** 図 15.4 で，この実体振り子を単振り子だと見なしたときの単振り子のひもの長さはいくらか．

▶▶ **回転運動エネルギー**

剛体の運動は，重心の並進運動と重心の周りの回転運動に分けられる．図 15.5 のように，剛体の重心を通る軸の周りで角速度の大きさ ω [rad/s] の回転運動している場合，重心が運動していなくても回転しているため，剛体の各部分は円運動による運動エネルギーをもっているはずである．

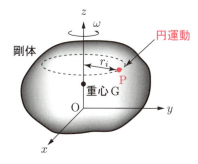

図 15.5: 回転運動によるエネルギー

剛体を質点系と見なしたとき，i 番目の質量 m_i〔kg〕の質点の位置を点 P とし，回転半径を r_i〔m〕とすれば，点 P の速さ v_i〔m/s〕は $v_i = r_i \omega$ なので，この質点のもつ運動エネルギー K_i〔J〕は

$$K_i = \frac{1}{2} m_i v_i^2 = \frac{1}{2} m_i r_i^2 \omega^2 \tag{15.17}$$

となる．式 (15.17) を質点全体について足し上げれば，剛体のもつ回転運動エネルギー K_r〔J〕となり，式 (15.9) を用いると

$$K_r = \sum_{i=1}^{N} \frac{1}{2} m_i r_i^2 \omega^2 = \frac{1}{2} I \omega^2 \tag{15.18}$$

と表される．

質量 M〔kg〕の剛体が重心の速さ V〔m/s〕で並進運動していれば，運動エネルギー K_t〔J〕は

$$K_t = \frac{1}{2} M V^2 \tag{15.19}$$

と表される．式 (15.18) と式 (15.19) を見比べて，回転運動における速さが角速度の大きさで表されることを考えると，ちょうど慣性モーメント I が質量 M と対応していることがわかる．つまり，慣性モーメントとは回転運動における質量のような役割を果たし，回転のしにくさを表す量を意味している．

Q3 剛体 A が，重心を通る回転軸の周りに，一定の角速度の大きさ 2.0 rad/s で回転運動をしている．このとき，A の回転軸に対する角運動量および回転運動エネルギーはいくらか．ただし，A の慣性モーメントを 4.0 kg·m^2 とする．

▶ 15.4 慣性モーメントの計算

慣性モーメントは，剛体の形状と回転軸が決まれば式 (15.9) によって求めることができる定数である．ただ，実際に剛体で計算をする場合，離散的な質点の和ではなく，連続的に分布する質量の積分となる．つまり，回転軸からの距離 r〔m〕にある微小領域の質量 dm〔kg〕について，剛体全体にわたり積分することになる．

$$I = \sum_{i=1}^{N} m_i r_i^2 \longrightarrow I = \int_{\text{剛体全体}} r^2 \, dm \tag{15.20}$$

ここでは，いくつかの典型的な形状について，実際にどのような計算をするかを確認していく．

▶▶ 棒

図 15.6 のように，長さ L [m] で質量 M [kg] の一様な棒で，回転軸は重心を通り棒に直交する向きである場合を考える．

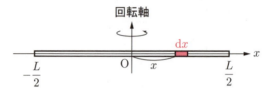

図 15.6：重心に対する棒の慣性モーメント

棒の重心を原点 O とする x 軸をとり，回転軸から距離 x [m] にある微小領域 dx [m] の質量 dm [kg] を考えると，棒の単位長さ当たりの質量が $\dfrac{M}{L}$ [kg/m] なので，

$$dm = \left(\frac{M}{L}\right) dx \tag{15.21}$$

と表される．この微小質量と軸からの距離の 2 乗の積を棒全体にわたり積分すればよいので，慣性モーメント I [kg·m²] は，つぎのようになる．

$$I = \int_{棒全体} x^2\, dm = \int_{-L/2}^{L/2} x^2 \left(\frac{M}{L}\right) dx = \frac{1}{12} ML^2 \tag{15.22}$$

▶▶ 棒 2

図 15.7 のように，長さ L で質量 M の一様な棒で，回転軸は棒の端点を通り棒に直交する向きである場合を考える．

図 15.7：端点に対する棒の慣性モーメント

棒の端点を原点 O とする x 軸をとると，慣性モーメント I は，つぎのようになる．

$$I = \int_{棒全体} x^2\, dm = \int_{0}^{L} x^2 \left(\frac{M}{L}\right) dx = \frac{1}{3} ML^2 \tag{15.23}$$

式 (15.22) と式 (15.23) を比較すると，同じ棒であっても回転軸の位置によって慣性モーメントが違うことがわかる．端点に回転軸があるほうが慣性モーメントが大きく，回転しにくく，止まりにくいことがわかる．

> 距離の 2 乗で和をとるため，回転軸から遠いところに質量が分布しているほうが慣性モーメントは大きくなる．

▶Q4 図 15.7 で，回転軸が端点から x [m] だけ離れた位置にある場合の慣性モーメントを，x を用いて表すとどうなるか．

▶Q5 長さ L [m] で質量 M [kg] の一様な棒の端点を固定して実体振り子を振らせたとき，この振り子の周期はいくらか．ただし，重力加速度の大きさを g [m/s²] とする．

▶▶ 円環

図 15.8(a) のように，半径 R [m] で質量 M [kg] の円環で，回転軸は円環の中心を通り，円環のつくる平面に直交する向きである場合を考える．

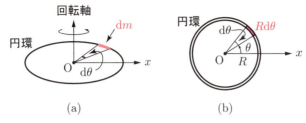

図 15.8：円環の慣性モーメント

円環の場合，回転軸からの距離はどの部分であっても半径 R である．図 15.8(b) のように，円環の微小部分は，x 軸から角度 θ [rad] にある微小角 $d\theta$ [rad] の扇形の弧で表されるので，微小質量 dm は

$$dm = \left(\frac{M}{2\pi R}\right) R\, d\theta = \left(\frac{M}{2\pi}\right) d\theta \tag{15.24}$$

となる．したがって，慣性モーメント I は円周にわたって積分すればよく，つぎにようになる．

$$I = \int_{円環全体} R^2\, dm = \int_0^{2\pi} R^2 \left(\frac{M}{2\pi}\right) d\theta = MR^2 \tag{15.25}$$

▶▶ 円板

半径 R [m] で質量 M [kg] の円板で，回転軸は円板の中心を通り，円板に直交する向きである場合を考える．図 15.9 のように，円板の中心を原点 O とする x-y 座標において，軸からの距離 r [m] にある微小質量 dm を，厚み dr の円環であるとする．

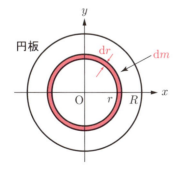

図 15.9：円板の慣性モーメント

円環の面積が $\pi(r+dr)^2 - \pi r^2 = 2\pi r\, dr$ なので，単位面積当たりの質量が $\dfrac{M}{\pi R^2}$ [kg/m²] であることを用いて，dm は

$$dm = \left(\frac{M}{\pi R^2}\right) \cdot 2\pi r\, dr = \left(\frac{2M}{R^2}\right) r\, dr \tag{15.26}$$

微小距離 dr の 2 乗は無視した．

と表される．したがって，慣性モーメント I は，円環を円板全体について積分すればよく，つぎのようになる．

$$I = \int_{\text{円板全体}} r^2 \, dm = \int_0^R r^2 \left(\frac{2M}{R^2}\right) r \, dr = \frac{1}{2}MR^2 \tag{15.27}$$

▶ 15.5 剛体の平面運動

剛体に作用する力 $\vec{F}$ [N]に対して，適当に座標軸を設定することで $F_z = 0$ とできる場合，重心の運動方程式で加速度の z 成分は 0 となる．初速度の z 成分がなく，初期位置として $z = 0$ とおけば，剛体は xy 平面内を運動することになる．このような条件のもとで，重心がある平面内を運動する例として，転がる円板の運動を考えてみる．

▶▶ 転がる円板

図 15.10 のように，半径 r [m]の一様な円板が水平面上をすべらずに一定の速さ v で転がっている．

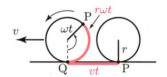

図 15.10：すべらず転がる条件

このとき，円板の転がる角速度の大きさが ω [rad/s]であるとすれば，ある点 P は時間 t [s]で角度 ωt だけ回転した位置へ移動する．この間に円板が進んだ距離は vt であり，回転した弧の長さは $r\omega t$ である．すべらずに転がったとすれば，この距離が等しくなければならず，$vt = r\omega t$ となる．したがって，円板の速さと転がる角速度の大きさには，つぎの関係式が成り立たねばならない．

$$v = r\omega \tag{15.28}$$

Q6 速さが一定でなくても，式 (15.28) が成り立つことを確認せよ．

▶▶ 斜面上の円板

図 15.11 のように，水平と角度 ϕ [rad]をなすあらい斜面上に，質量 M [kg]で半径 R [m]の一様な円板を静かに置いたところ，円板はすべらずに転がり始めた．

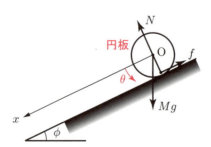

図 15.11：斜面を転がる円板

円板の重心の初期位置を原点 O とし斜面下方に x 軸をとり,円板に作用する摩擦力の大きさ f〔N〕,垂直抗力の大きさ N〔N〕,重力加速度の大きさを g〔m/s^2〕とすれば,重心の運動方程式は x 軸方向に

$$M\frac{d^2x}{dt^2} = Mg\sin\phi - f \tag{15.29}$$

となり,斜面に直交する方向では

$$N = Mg\cos\phi \tag{15.30}$$

となるつり合いの関係が得られる.

さらに,円板は回転しているため,x 軸からの反時計回りを正とする回転角を θ〔rad〕とし,慣性モーメントを I〔kg·m^2〕とおけば,回転運動の運動方程式は

$$I\frac{d^2\theta}{dt^2} = Rf \tag{15.31}$$

と表される.

円板の慣性モーメントが式 (15.27) で与えられることを利用すると,式 (15.31) より,

$$\frac{d^2\theta}{dt^2} = \frac{2f}{MR} \tag{15.32}$$

となる.

また,式 (15.28) は

$$\frac{dx}{dt} = R\left(\frac{d\theta}{dt}\right) \tag{15.33}$$

とも表されることを利用すると,式 (15.29) の左辺は

$$M\frac{d^2x}{dt^2} = M\frac{d}{dt}\left(\frac{dx}{dt}\right) = MR\left(\frac{d^2\theta}{dt^2}\right) \tag{15.34}$$

となる.これに式 (15.32) を代入すると,式 (15.29) は

$$2f = Mg\sin\phi - f \tag{15.35}$$

となり,これより摩擦力の大きさが

$$f = \frac{1}{3}Mg\sin\phi \tag{15.36}$$

と求まる.したがって,円板の並進運動の運動方程式である式 (15.29) は

$$M\frac{d^2x}{dt^2} = \frac{2}{3}Mg\sin\phi \tag{15.37}$$

と変形できるので,加速度,速度,位置が,初期条件を考慮して,つぎのように求まる.

$$\frac{d^2x}{dt^2} = \frac{2}{3}g\sin\phi, \quad \frac{dx}{dt} = \frac{2}{3}gt\sin\phi, \quad x = \frac{1}{3}gt^2\sin\phi \tag{15.38}$$

角速度の大きさは,速度より

$$\frac{d\theta}{dt} = \left(\frac{2gt}{3R}\right)\sin\phi \tag{15.39}$$

摩擦力と垂直抗力は,これまでと同じように2次的に求まる物理量である.

初速度 0 で,初期位置 0 である.

となる．

摩擦力がなければ斜面を移動するときの加速度の大きさは $g\sin\phi$ であるが，式 (15.38) より，摩擦力によって加速度の大きさが $\frac{2}{3}$ 倍になっていることがわかる．

例題 42

図 15.11 で，時刻 0 と時刻 t [s] におけるエネルギーの収支を確認せよ．

解説 時刻 0 から時刻 t までに円板が斜面上を移動した距離 L [m] は，式 (15.38) より

$$L = \frac{1}{3}gt^2 \sin\phi$$

なので，

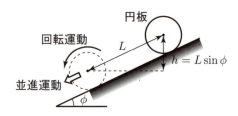

図のように，この間の高低差 h [m] は

$$h = L\sin\phi = \frac{1}{3}gt^2 \sin^2\phi$$

となる．したがって，時刻 t の位置を基準として時刻 0 での位置エネルギーは U [J] は

$$U = Mgh = \frac{1}{3}Mg^2t^2 \sin^2\phi$$

である．

時刻 t での重心の並進運動エネルギー K_t [J] は，式 (15.38) の速度を用いて

$$K_t = \frac{1}{2}M\left(\frac{2}{3}gt\sin\phi\right)^2 = \frac{2}{9}Mg^2t^2 \sin^2\phi$$

となり，$U \neq K_t$ である．

円板が回転していることでもつ回転運動エネルギー K_r [J] は，式 (15.39) および慣性モーメントより，

$$K_r = \frac{1}{2}\left(\frac{1}{2}MR^2\right)\left[\left(\frac{2gt}{3R}\right)\sin\phi\right]^2 = \frac{1}{9}Mg^2t^2 \sin^2\phi$$

となるので，並進および回転の運動エネルギーの和は

$$K_t + K_r = \frac{1}{3}Mg^2t^2 \sin^2\phi$$

となり，$U = K_t + K_r$ が成り立っている．

一方，摩擦力による仕事の大きさ W_f〔J〕は，式 (15.36) を用いて

$$W_f = fL = \frac{1}{3}Mg\sin\phi \cdot \frac{1}{3}gt^2\sin\phi = \frac{1}{9}Mg^2t^2\sin^2\phi$$

となり，ちょうど回転運動エネルギーに等しい．

つまり，はじめにもっていた位置エネルギー U から摩擦力による仕事 W_f の分だけエネルギーが減少し，その残りが並進運動エネルギー K_t となっている．そして，摩擦力によって失ったエネルギーは，重心の周りの回転運動エネルギー K_r へと形を変えたことでエネルギーの収支が合うことになる． ∎

章 末 問 題

問1 図のように，内半径 a〔m〕で外半径 b〔m〕の中空円板の中心を通り，円板と垂直な軸の周りの慣性モーメントはいくらか．ただし，円板の質量を M〔kg〕とする．

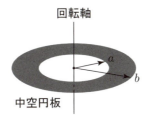

問2 図のように，長さ $2L$〔m〕で質量 M〔kg〕の一様な棒の一端を点 O で自由に動けるようにして固定し，水平な状態 P から静かに放した．ただし，重力加速度の大きさを g〔m/s²〕とする．

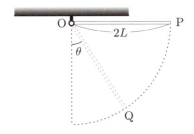

(a) 点 O の周りの棒の慣性モーメントはいくらか．
(b) 棒と鉛直線のなす角が θ〔rad〕となっている状態 Q のとき，棒の角速度の大きさはいくらか．
(c) 状態 Q のとき，棒の重心の速さはいくらか．

問3 図のように，半径 r〔m〕で質量 m〔kg〕の円板の中心を通る回転軸が，水平となるようにして軽いひもを巻きつけ，ひもの端には質量 M〔kg〕

の小物体 A をつり下げた．ただし，重力加速度の大きさを $g\,[\mathrm{m/s^2}]$ とする．

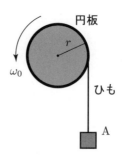

(a) 円板に大きさ $\omega_0\,[\mathrm{rad/s}]$ の角速度を与えてひもを巻き上げるとすると，A の初速度はいくらか．

(b) 円板が静止するまでに A が上昇できる距離はいくらか．

問 4 図のように，天井に固定された質量 $m\,[\mathrm{kg}]$ の定滑車に軽いひもを巻きつけて，ひもの端に質量 $M\,[\mathrm{kg}]$ の小物体 A を静かにつり下げた．A の支えをなくすと，A は下降し，滑車は回転を始めた．ただし，重力加速度の大きさを $g\,[\mathrm{m/s^2}]$ とし，滑車の半径を $r\,[\mathrm{m}]$ とする．また，滑車は一様な円板であるものとする．

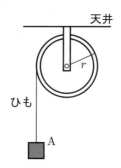

(a) A に生じている加速度の大きさはいくらか．

(b) ひもの張力の大きさはいくらか．

問題解説

単に式に数値を代入するだけのようなものは解答のみ示し，解答までたどり着くのに多くのステップを必要とする問題については，つまずきそうな箇所を中心に解説を行う．

第1章

Q1 解答例：
ベクトル量は，力，速度，加速度など．
スカラー量は，質量，体積，エネルギーなど．

Q2 重なることからベクトルの大きさが等しく，平行移動では向きが変化しないため向きも等しい．このことから，同じベクトルであるとみなせる．

Q3 等しいベクトル：$\vec{g}$，
大きさのみ等しいベクトル：$\vec{f}$ と $\vec{h}$

Q4 $\vec{b}$ を平行移動してもベクトルとしては変化しないため．

Q5 0

Q6 2次元では $\vec{e}_x = (1, 0)$ および $\vec{e}_y = (0, 1)$
3次元では $\vec{e}_x = (1, 0, 0)$ および $\vec{e}_y = (0, 1, 0)$

Q7 $\sqrt{2^2 + 4^2} = 2\sqrt{5}$

Q8 図より，大きさ $3\sqrt{2}$ で成分表示すれば $(3, -3)$ となる．

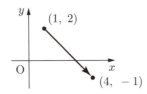

Q9 $\vec{a} - \vec{b} = (a_x - b_x, a_y - b_y)$

Q10 $\vec{a} + \vec{b} = (-1, 5)$ より，大きさは $\sqrt{26}$

Q11 $\vec{a} - \vec{b} = (3, -1)$ より，大きさは $\sqrt{10}$

Q12 $\dfrac{\sqrt{2}}{2}$

Q13 1

Q14 $\sin\theta = \dfrac{3}{5}$, $\cos\theta = \dfrac{4}{5}$, $\tan\theta = \dfrac{3}{4}$

Q15 $\sin\theta = \dfrac{\mathrm{AD}}{\mathrm{BA}}$ より，$\mathrm{AB} = \dfrac{\mathrm{AD}}{\sin\theta}$
$\cos\theta = \dfrac{\mathrm{AD}}{\mathrm{CA}}$ より，$\mathrm{AC} = \dfrac{\mathrm{AD}}{\cos\theta}$

Q16 Q$(-r, r)$

Q17 Q$\left(-\dfrac{\sqrt{3}}{2}r, \dfrac{r}{2}\right)$

Q18 $\vec{a}\cdot\vec{b} = 2\cdot 3\cdot\cos 45° = 3\sqrt{2}$

Q19 $\cos\theta = \dfrac{2\times(-1)+4\times 3}{\sqrt{2^2+4^2}\times\sqrt{(-1)^2+3^2}} = \dfrac{1}{\sqrt{2}}$ より，45 度

Q20 省略

Q21 $\vec{a}\times\vec{b} = (2, -1, -4)$

Q22 $\vec{a}\times\vec{b} = (2, -1, -1)$ であり，$|\vec{a}\times\vec{b}| = \sqrt{6}$ より，
$\dfrac{\vec{a}\times\vec{b}}{|\vec{a}\times\vec{b}|} = \left(\dfrac{\sqrt{6}}{3}, -\dfrac{\sqrt{6}}{6}, -\dfrac{\sqrt{6}}{6}\right)$

章末問題

問 1 正六角形の中心を O とし，$\overrightarrow{\mathrm{AD}}$, $\overrightarrow{\mathrm{BC}}$, $\overrightarrow{\mathrm{CE}}$ を図示すると，以下のようになる．

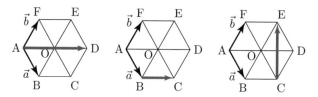

(a) $\overrightarrow{\mathrm{AD}} = 2\overrightarrow{\mathrm{AO}} = 2(\vec{a}+\vec{b})$
(b) $\overrightarrow{\mathrm{BC}} = \overrightarrow{\mathrm{AO}} = \vec{a}+\vec{b}$
(c) $\overrightarrow{\mathrm{CE}} = \overrightarrow{\mathrm{BF}} = \vec{b}-\vec{a}$

問 2 (a) $2\vec{a}+3\vec{b} = (7, 0, -3)$, (b) $\vec{a}-2\vec{b} = (0, 7, 2)$
(c) $\vec{a}+\vec{b} = (3, 1, -1)$ より，$|\vec{a}+\vec{b}| = \sqrt{3^2+1^2+(-1)^2} = \sqrt{11}$ なので，単位ベクトル $= \left(\dfrac{3}{\sqrt{11}}, \dfrac{1}{\sqrt{11}}, -\dfrac{1}{\sqrt{11}}\right)$, (d) -4

(e) なす角を θ〔度〕とすると，
$$\cos\theta = \dfrac{\vec{a}\cdot\vec{b}}{|\vec{a}||\vec{b}|} = -\dfrac{4}{\sqrt{78}}$$
となる．, (f) $\vec{a}\times\vec{b} = (-3, 2, -7)$

θ について解くと 117 度

問 3 各直線の方向へ分解すると，図のようになる．よって，ℓ_1 方向成分：$\dfrac{1}{2}a$, ℓ_2 方向成分：$\dfrac{\sqrt{3}}{2}a$ となる．

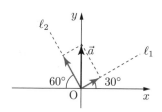

問 4 各直線の方向へ分解したベクトルを $\vec{F}_1$ および $\vec{F}_2$ とすると，図のよ

うになる．ℓ_1 と ℓ_2 が直交していないため，$\vec{F} = \vec{F_1} + \vec{F_2}$ を x 成分と y 成分について関係式をつくる．

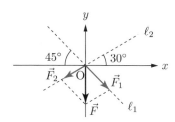

x 成分では，$0 = F_1 \cos 45° - F_2 \cos 30°$ となり，y 成分では，$-F = -F_1 \sin 45° - F_2 \sin 30°$ となる．これらを連立させて解けばよく，つぎのようになる．

$$F_1 = \frac{6}{3\sqrt{2}+\sqrt{6}} \cdot F, \quad F_2 = \frac{2\sqrt{6}}{3\sqrt{2}+\sqrt{6}} \cdot F$$

第 2 章

Q1 合力は $\vec{F_1} + \vec{F_2} = (3, 2)$ なので，大きさは $\sqrt{3^2 + 2^2} = \sqrt{13}$ 〔N〕となる．

Q2 x 成分：$\dfrac{3\sqrt{3}}{2}$ N，y 成分：$\dfrac{3}{2}$ N

Q3 $98\,\mathrm{N}$

Q4 $20\,\mathrm{kg}$

Q5 $2.0 \times 10^2\,\mathrm{N}$

Q6 $5.0\,\mathrm{N}$

Q7 $x = \dfrac{F}{k}$ なので，同じ大きさの力に対して，k が大きいほど変化量 x が小さくなるため．

Q8 $0.60\,\mathrm{N}$

Q9 $5.6 \times 10^{-7}\,\mathrm{N}$

Q10 $3.52 \times 10^{22}\,\mathrm{N}$

Q11 $M = \dfrac{4}{3}\pi R^3 \rho$ なので，代入して $g = \dfrac{4}{3}\pi \rho G R$ となる．

Q12 2 つの作用点が同じ物体内にあるか，別々の物体内にあるかで分類すると，つぎのようになる．
つり合いの関係：a と c
作用反作用の関係：c と d，e と f

章末問題

問 1 $\vec{F_1} + \vec{F_2} = (2, 6)$ より，大きさは $2\sqrt{10}$ 〔N〕

問 2 $2\vec{F_1} - \vec{F_2} = (-4, 1, 1)$ より，大きさは $3\sqrt{2}$ 〔N〕

問 3 重さ W を斜面に対して分解すると，図のようになる．よって，垂直成分は $\dfrac{\sqrt{3}}{2} \cdot W$ で，平行成分は $\dfrac{1}{2} \cdot W$ となる．

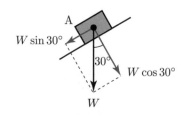

$F = G\dfrac{mM}{R^2}$

問4 (a) 1.98×10^{20} N (c) $1.62\,\mathrm{m/s^2}$

問5 つり合うべき力とその分力を図示すると，つぎのようになる．これより，点 A および点 B に作用している力の大きさは，それぞれ 17 N と 10 N となる．

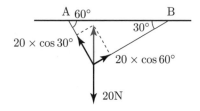

問6 A に作用している力は，図のように重力，垂直抗力，摩擦力であり，これらがつり合いの関係にある．A は作用する重力によって斜面に力を及ぼしているので，大きさは 98 N である．この反作用として垂直抗力と摩擦力があり，分解すると，それぞれ 85 N および 49 N である．

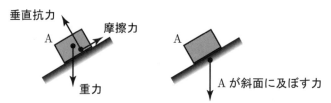

問7 A をつり下げているひもの張力の大きさを T_A [N]，AB 間のひもの張力の大きさを T_AB [N] として，A と B に作用点のある力を図示すると，つぎのようになる．

白抜きの丸は重心で，矢印が重ならないようにずらしてある．

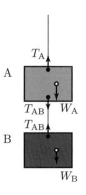

A および B に対して，つり合いの式を立てると
$$T_\mathrm{A} = W_\mathrm{A} + T_\mathrm{AB}, \quad T_\mathrm{AB} = W_\mathrm{B}$$

したがって，$T_A = W_A + W_B$ および $T_{AB} = W_B$ である．

問8 Aに作用している力をすべて描きだすと，図のようになり，これらの合力が0である．このとき，水平面がAに対して及ぼしている力は，垂直抗力と摩擦力である．

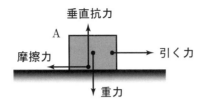

(a) 垂直抗力と摩擦力の合力の大きさは 2.1×10^2 N となる． (b) 80 N

$F = \mu N$

問9 Aに作用している力をすべて描きだすと，図のようになり，これらの合力が0である．したがって，静止摩擦力は重力の斜面に平行な成分とつり合いの関係にあり $W \sin\theta$ となる．静止摩擦力は常に $W \sin\theta$ であり，これは最大静止摩擦力 $\mu W \cos\theta$ を超えられない．すべり出す直前に両者が等しくなり $W \sin\theta = \mu W \cos\theta$ となる．したがって，最大の角度は $\tan\theta = \mu$ によって与えられる．

逆関数を利用すれば
$\theta = \tan^{-1}\mu$ となる．

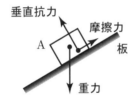

問10 (a)では，1つのおもりの重さと1つのばねによる弾性力がつり合っているので，伸びは $\dfrac{W}{k}$ 〔m〕となる．(b)では，1つのおもりによる力が2つのばねに等しく作用するため，ばねの伸びは全体として1つのときに比べて2倍となる．よって，$\dfrac{2W}{k}$ 〔m〕となる．(c)では，1つのおもりの重さを2つのばねで等しく分割しているため，1つ当たりにばねを引く力は半分の大きさとなる．よって，$\dfrac{W}{2k}$ 〔m〕となる．

問11 Aを水平に移動させることで，図のような力が両側のばねからはたらくことになる．1つ当たり kL 〔N〕の大きさなので，合力の大きさは $2kL$ となる．

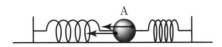

第3章

Q1 a：負，b：正，c：負，d：正

Q2 一様な棒の重心は，棒の中心にあり，図のような状況である．これより，力のモーメントの大きさは $0.20 \times 20 = 4.0$ N·m となる．

Q3 棒の長さを L [m] とおき，つり下げるおもりの重さを x [N] とする．力のモーメントを考えるとき，点 Q の周りで評価すると，棒をつり下げているひもの張力による力のモーメントは 0 となり，モーメントのつり合いの式は，つぎのようになる．

$$x \times \frac{L}{4} - (2w + W) \times \frac{L}{4} - 3w \times \frac{3L}{4} = 0$$

これより，$11w + W$ となる．

Q4 棒に作用する重力以外の垂直抗力，張力，摩擦力のそれぞれの大きさを N [N]，T [N]，f [N] とおいて力の矢印を描くと，図のようになる．

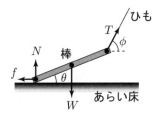

これより，水平方向と鉛直方向の力のつり合いの式を立てると

$$T\cos\phi = f, \quad N + T\sin\phi = W$$

となる．また，棒と床の接点を中心とした力のモーメントのつり合いを考えると，図のようになり，棒の長さを L [m] とおくと，次式が得られる．

$$T\sin(\phi - \theta) \times L = W\cos\theta \times \frac{L}{2}$$

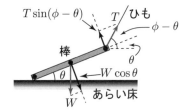

これらより，

$$T = \frac{W\cos\theta}{2\sin(\phi - \theta)}, \quad N = \frac{W(2\sin(\phi - \theta) - \cos\theta\sin\phi)}{2\sin(\phi - \theta)},$$

$$f = \frac{W\cos\theta\cos\phi}{2\sin(\phi - \theta)}$$

となる．

Q5 重力のほか，壁からの垂直抗力の大きさを N_w [N]，床からの垂直抗力の大きさを N_f [N]，床と棒との摩擦力の大きさを f [N] とおいて，力の矢印を描くと，図のようになる．

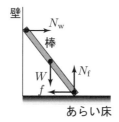

これより，水平方向と鉛直方向の力のつり合いの式を立てると

$$N_w = f, \quad N_f = W$$

となる．また，棒と床の接点を中心とした力のモーメントのつり合いを考えると，図のようになり，棒の長さを $L\,[\mathrm{m}]$ とおくと，次式が得られる．

$$W\cos\theta \times \frac{L}{2} = N_w \sin\theta \times L$$

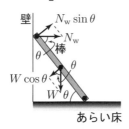

これらより，

$$N_w = f = \frac{W}{2\tan\theta}, \quad N_f = W$$

となる．

Q6 $\left(\dfrac{7}{5},\ \dfrac{6}{5}\right)$

Q7 確認例：一様な円板の場合

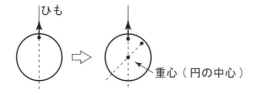

Q8 $30\,\mathrm{cm}^2 = 3.0 \times 10^{-3}\,\mathrm{m}^2$ なので，$4.0 \times 10^4\,\mathrm{Pa}$

Q9 密度 $1.0\,\mathrm{g/cm}^3 = 1.0 \times 10^3\,\mathrm{kg/m}^3$ に注意，$9.8 \times 10^4\,\mathrm{Pa}$ 　　$P = \rho g h$

Q10 $(13.6 \times 10^3) \times 9.81 \times 0.400 = 5.34 \times 10^4\,\mathrm{Pa}$

Q11 液体がふたに及ぼす圧力大きさは，A と B ともに $\rho g h\,[\mathrm{Pa}]$ であるので，及ぼしている力は A が $\rho g h S\,[\mathrm{N}]$ で，B が $4\rho g h S\,[\mathrm{N}]$ である． 　　$F = PS$

Q12 $500\,\mathrm{N}$

Q13 $(13.6 \times 10^3) \times 9.81 \times 0.130 = 1.73 \times 10^4\,\mathrm{Pa}$

Q14 物体が浮いているのは，物体の重さと浮力がつり合っているためである．物体に作用している浮力の大きさは，液面下の体積を液体に置き

換えたときの液体の重さなので，$\frac{2}{3}\rho V g$ 〔N〕となる．

章末問題

問1 棒に作用しているすべての力を描くと，図のようになる．

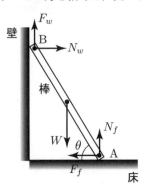

反時計回りが正

(a) 点 A の周りでの力のモーメントでは，N_f と F_f は寄与せず，
$$L\left(\frac{W}{2}\cos\theta - N_w\sin\theta - F_w\cos\theta\right)$$
となる．(b) 重心の周りの力のモーメントでは，W は寄与せず
$$\frac{L}{2}(N_f\cos\theta - F_f\sin\theta - N_w\sin\theta - F_w\cos\theta)$$
となる．

問2 (a) fd 〔N·m〕，(b) $f\left(\dfrac{d}{D}\right)$ 〔N·m〕

問3 (a) x 方向と y 方向のつり合いは，つぎのようになる．
$$R_x = F\cos(\theta+\phi), \quad F\sin(\theta+\phi) = R_y + W_L + W$$
(b) 力のモーメントのつり合いは，点 A の周りでは $\vec{R}$ は寄与せず，つぎのようになる．
$$L_{\mathrm{ab}}F\sin\theta = L_{\mathrm{ac}}W_L\cos\phi + L_{\mathrm{ad}}W\cos\phi$$
(c) $F = \dfrac{L_{\mathrm{ac}}W_L\cos\phi + L_{\mathrm{ad}}W\cos\phi}{L_{\mathrm{ab}}\sin\theta}$

$R_x = \dfrac{L_{\mathrm{ac}}W_L\cos\phi + L_{\mathrm{ad}}W\cos\phi}{L_{\mathrm{ab}}\sin\theta}\cdot\cos(\theta+\phi)$

$R_y = \dfrac{L_{\mathrm{ac}}W_L\cos\phi + L_{\mathrm{ad}}W\cos\phi}{L_{\mathrm{ab}}\sin\theta}\cdot\sin(\theta+\phi) - W_L - W$

問4 直方体に加わっている力をすべて描くと，図のようになる．

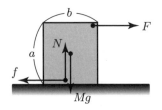

(a) すべり出すとは $F > \mu N$ を意味する．$N = Mg$ なので，直前の F の大きさは μMg となる．

(b) すべらないことから $F < \mu N$ であるものの，傾いたことから N はなく，F による右下の点での力のモーメントが重力による力のモーメントを上回ったことがわかる．つまり，$aF > \dfrac{b}{2}Mg$ なので，直後の F の大きさは $\dfrac{b}{2a}Mg$ 〔N〕となる．

(c) 傾かずにすべるとは，$aF < \dfrac{b}{2}Mg$ かつ $F > \mu Mg$ という条件なので，$\mu < \dfrac{b}{2a}$ となる．

問5 1003 hPa $\hspace{4em} P = \rho g h$

問6 2.2×10^3 N $\hspace{4em} F = PS$

問7 ブレーキペダルに作用している力は，つぎのように，点 C に力を加えることでシリンダー 1 を押すため，反作用としてシリンダー 1 から力を受ける．

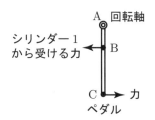

(a) 点 A の周りの力のモーメントのつり合いより，$\left(\dfrac{L_2}{L_1}\right)F$〔N〕となる．

(b) パスカルの原理により，$\left(\dfrac{S_2 L_2}{S_1 L_1}\right)F$〔N〕となる．

問8 (a) ばねばかりを引く力の減少分が浮力による影響なので $(5.0 - 3.0) \times 9.8 = 20$ N となる．

(b) 水位の上昇は A の体積分を容器の底面積で割ることで決まり，A の体積は A に生じた浮力の大きさより求まる．A の体積は $\dfrac{(5.0-3.0)\times 9.8}{(1.0\times 10^3)\times 9.8} = 2.0\times 10^{-3}$ m^3 であり，水位の上昇は，これを底面積で割ることで求まる．$2.0\times 10^{-3} \div \{(9.0\times 10^2)\times 10^{-4}\} = 2.2\times 10^{-2}$ m $\hspace{2em} V = \dfrac{F}{\rho g}$

問9 A と水に作用している力を図示すると，つぎのようになる．

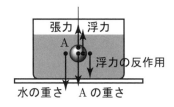

(a) ばねばかりの目盛りは，A に作用している浮力の分だけ軽くなるので 1.5×10^2 g である． $\hspace{2em} F = \rho g V$

(b) 水に作用している重さと浮力の反作用の分が台ばかりを押すことになるので，台ばかりの目盛りは 6.5×10^2 g である．

第 4 章

Q1 任意の時刻 t において位置 x がわかるので，いつどこにいるか，すべてわかることを意味するため．

Q2 $14.7\,\mathrm{m/s}$ と $19.6\,\mathrm{m/s}$

Q3 $t=2$ と $t=2+\Delta t$ の間の平均の速さを求めると，$4.9(4+\Delta t)$ が得られるので，$\Delta t \to 0$ として $19.6\,\mathrm{m/s}$ となる．

Q4 $4a$

Q5 $f(x)=c$ では，$f(x+h)=c$ かつ $f(x)=c$ なので $f'(x)=0$ となる．

Q6 $4x^3+4x+1$

Q7 積の導関数を利用すると，つぎのようになる．
$$\begin{aligned}y' &= (x^2+2)'(x^3+2x)+(x^2+2)(x^3+2x)' \\ &= 2x(x^3+2x)+(x^2+2)(3x^2+2) \\ &= 5x^4+12x^2+4\end{aligned}$$

Q8 $y'=f'(x)f(x)+f(x)f'(x)=2f'(x)f(x)$

Q9 $y'=\dfrac{2\cdot(x-3)-(2x+1)\cdot 1}{(x-3)^2}=-\dfrac{7}{(x-3)^2}$

Q10 C を積分定数として，$\dfrac{2}{3}x^3+\dfrac{1}{2}x^2+C$

Q11 30

章末問題

問 1 (a) $f'(x)=12x^2+2x-2$ (b) $f'(x)=4x^3-6x^2+6x-2$
(c) $f'(x)=6x^5+15x^4+8x^3+21x^2+6x+2$
(d) $f'(x)=-\dfrac{x^2-4x-1}{(x^2+x-1)^2}$

問 2 $f'(x)$ を不定積分し，積分定数を条件から決めればよい．
(a) $f(x)=x^2-3x+1$ (b) $f(x)=x^4+x^2-2x+2$

問 3 $f(x)=ax^2+bx+c$ とおいて，条件式をつくると
$$f(1)=a+b+c=2,\quad f'(0)=b=1,\quad f'(1)=2a+b=3$$
となるので，$a=1$，$b=1$，$c=0$ となる．よって，$f(x)=x^2+x$ となる．

問 4 時刻 t での半径は r_0+at と表されるので，円周 $2\pi(r_0+at)$ および面積 $\pi(r_0+at)^2$ の時間 t に対する微分を求めればよい．円周の変化の割合：$2\pi a\,[\mathrm{m/s}]$，面積の変化の割合：$2\pi a(r_0+at)\,[\mathrm{m^2/s}]$

問 5 図のように，液体が深さ $x\,[\mathrm{m}]$ となったとき，液面の半径は相似関係から $\dfrac{rx}{h}\,[\mathrm{m}]$ と表されるので，このときの液体の体積 $V\,[\mathrm{m^3}]$ は
$$V=\dfrac{1}{3}\pi\left(\dfrac{rx}{h}\right)^2\cdot x=\dfrac{1}{3}\pi\left(\dfrac{r^2x^3}{h^2}\right)$$
と表される．

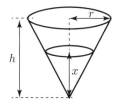

液体を入れる割合が v なので，
$$v = \frac{dV}{dt} = \left(\frac{\pi r^2}{h^2}\right) x^2 \left(\frac{dx}{dt}\right)$$
となる．つまり，液面の上昇する速さ（x の時間に対する変化の割合）は
$$\frac{dx}{dt} = \left(\frac{vh^2}{\pi r^2}\right) \cdot x^{-2}$$
となり，深さの2乗に反比例する．同じようにして液面の面積 $S \, [\mathrm{m}^2]$ を求めると
$$S = \pi \left(\frac{rx}{h}\right)^2$$
であり，時間に対する変化の割合は t で微分して
$$\frac{dS}{dt} = \left(\frac{2\pi r^2}{h^2}\right) x \left(\frac{dx}{dt}\right)$$
となり，液面上昇の速さを代入すれば
$$\frac{dS}{dt} = 2v \cdot x^{-1}$$
となるので，面積の増加率は深さに反比例する．

第 5 章

Q1 A の平均の速さは $1.5\,\mathrm{m/s}$ であり，B の平均の速さは $1.7\,\mathrm{m/s}$ なので，B のほうが速い．

Q2 PR 間の距離は $8.0\,\mathrm{m}$ であり，要した時間は 9.0 秒なので，$0.89\,\mathrm{m/s}$

Q3 求める順序としては，任意の時刻における瞬間の速さ
$$v(t) = \frac{dx}{dt} = 9.8t - 2.0$$
をまず求めて，$t = 2.0$ を代入すればよい．$18\,\mathrm{m/s}$

Q4 $\vec{v}_{\mathrm{AB}} = -2.5 - 2.0 = -4.5\,\mathrm{m/s}$ なので，負の向きに $4.5\,\mathrm{m/s}$

Q5 合成速度の大きさは $\sqrt{3.0^2 + 1.5^2} = 3.4\,\mathrm{m/s}$ で，横断に要する時間は，横断する向きの速度だけで決まるので $30 \div 3.0 = 10$ 秒である．

Q6 初期位置 $2.0\,\mathrm{m}$ で速さ $1.5\,\mathrm{m/s}$ であるので，$x(t) = 1.5t + 2.0$

Q7 式 (5.10) で，$t = 1.0$ から t までの定積分をすると
$$\int_{x(1.0)}^{x(t)} dx = \int_{1.0}^{t} 1.5\, dt$$
なので，$x(t) - x(1.0) = 1.5(t - 1.0)$ となり，$x(t) = 1.5t + 0.5$ となる．

Q8 $2.0\,\mathrm{m/s}^2$

Q9 $\Delta \vec{v} = (1.0, 2.0)$ なので，$\vec{a} = (0.50, 1.0)$ となる．

Q10 平均の加速度の大きさは
$$\bar{a} = \frac{v(2.0) - v(0)}{2.0 - 0} = 7.0\,\mathrm{m/s}^2$$

であり，瞬間の加速度の大きさは $a(t) = 4.0t + 3.0$ より $a(1.0) = 7.0\,\mathrm{m/s^2}$ である．

Q11 ブレーキをかけた直後を時刻 0 とすれば，初速度が $20.0\,\mathrm{m/s}$ で，速度 0 になるまでに $100\,\mathrm{m}$ 移動しているので，加速度を $a\,[\mathrm{m/s^2}]$ として，
$$0 - 20.0^2 = 2a \times 100$$
を解けばよい．$a = -2.0\,\mathrm{m/s^2}$

$v^2 - v_0{}^2 = 2a(x - x_0)$

章末問題

問1 (a) $v(t) = \dfrac{\mathrm{d}x}{\mathrm{d}t} = 4t - 4$ より，$v(0) = -4$ なので，負の向きに速さ $4\,\mathrm{m/s}$ となる．

(b) $a(t) = \dfrac{\mathrm{d}^2 x}{\mathrm{d}t^2} = 4$ より，正の向きに大きさ $4\,\mathrm{m/s^2}$ となる．

問2 (a) $\vec{r}(0) = (-3, 1)$ より，$r(0) = \sqrt{10}\,[\mathrm{m}]$ となる．

(b) $\vec{v} = (1, -2t)$ より，$v(2) = \sqrt{17}\,[\mathrm{m/s}]$ となる．

(c) $\vec{a} = \dfrac{\mathrm{d}^2 \vec{r}}{\mathrm{d}t^2} = (0, -2)$ となる．

問3 A と B の時刻 0 におけるようすは，図のようになる．

相対速度 = 相手の速度 − 自分の速度

(a) $-3.0 - 2.0 = -5.0$ より，負の向きに $5.0\,\mathrm{m/s}$ である．

(b) すれ違う時刻は，互いの距離÷相対速度なので，$t = 6.0$ となり，$x = 12$ である．

$v^2 - v_0{}^2 = 2ax$

問4 加速度の大きさ：$2.8\,\mathrm{m/s^2}$，移動距離：$1.4 \times 10^2\,\mathrm{m}$

問5 v-t グラフでは，傾きが加速度を与え，t 軸との間の面積が移動距離を表す．

(a) $0.50\,\mathrm{m/s^2}$

(b) 速度の向きが正から負に変わるところがもっとも遠い位置なので，$t = 4$ で $4.0\,\mathrm{m}$ となる．

(c) $t = 0$ から $t = 4$ までの三角形の面積と $t = 4$ から $t = 10$ までの三角形の面積の合計が移動距離となり，$13\,\mathrm{m}$ である．

問6 (a) v-t グラフの傾きが加速度なので，$\dfrac{v_0}{t_1}\,[\mathrm{m/s^2}]$ となる．

(b) v-t グラフの面積が移動距離なので，$v_0(t_2 - t_1)\,[\mathrm{m}]$

(c) $F = ma$ より，$\dfrac{mv_0}{t_3 - t_2}\,[\mathrm{N}]$

(d) 台形の面積より，$\dfrac{1}{2}(t_3 + t_2 - t_1)v_0\,[\mathrm{m}]$

問7 図は，船が川を最短時間で渡るときのようすを表している．実際に川を進む船の速度は，静水中を進む速度に川の速度を合成したもので与えられるので，合成後の速度が川の流れに対して直交するようになればよい．川上と船の進む方向とのなす角を $\theta\,[\mathrm{rad}]$ とすれば，$\theta = 60°$ となる．

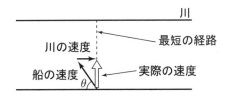

問8 ちょうど川に対して直交する向きに進めるように，川上の方へ向かって斜めに進んだときの実際の速さは，点 P では $\sqrt{v^2 - V^2}$ [m/s] であり，点 Q では $\sqrt{v^2 - (2V)^2}$ [m/s] である．つぎに，それぞれの地点で川を横切るのに要する時間を比較すればよい．$\dfrac{2L}{\sqrt{v^2 - V^2}} > \dfrac{L}{\sqrt{v^2 - 4V^2}}$ より，$v > \sqrt{5}V$ となる．

問9 図は，10秒で100mを走り抜けるときの v-t グラフを表している．

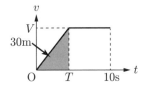

等加速度運動しているはじめの 30 m に要する時間を T [s] とし，到達する速さを V [m/s] とする．三角形の面積が移動距離なので，$30 = \dfrac{1}{2}VT$ であり，残りの長方形部分が残りの 70 m に相当するので，$V(10 - T) = 70$ となる．これより，$V = 13$ m/s となり，加速度の大きさは $\dfrac{V}{T} = 2.8$ m/s^2 となる．

問10 図は，ヘリコプターに作用する力を模式的に表したもので，メインローターが水平な場合，空気を押し下げたことによる反作用によって揚力が生じ，自重とつり合うことで浮くようすを表している．つぎに，ローターを傾けることで，鉛直方向の力をつり合わせつつ，水平方向に推力を生じさせて前進させることができる．重力加速度の大きさ g [m/s^2] とすれば質量 m [kg] の重力は mg であり，加速度の大きさ a [m/s^2] で前進するためには，ローターの傾き θ [度] に対して $\tan\theta = \dfrac{a}{g}$ の関係が必要である．したがって，$\tan\theta = \dfrac{1.0}{9.8}$ となる角度 θ だけ傾けなければならない．　　　　　　　　　　　　　　　　　　　　　　$\theta = 5.8$ 度

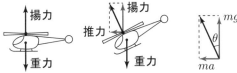

第 6 章

Q1 加速度の大きさが $1.6 \div 2.0 = 0.80$ m/s^2 なので，$8.0 \div 0.80 = 10$ kg

Q2 力の向きと加速度の向きは等しいので，加速度の向きと初速度は同じ直線上にある．つまり，速度変化は同じ直線上なので，1次元的な運動しかしないことになる．

Q3 落下時間は 1.4 秒で，落下時の速さは $14\,\mathrm{m/s}$

Q4 高さ $78\,\mathrm{m}$ で，落下時の速さは $39\,\mathrm{m/s}$

Q5 条件は地面に落下なので，式 (6.14) に $x=0$ を代入して時刻 t_f [s] を求めると
$$t_f = \frac{2v_0}{g}$$
なので，1.0 秒である．

Q6 もっとも小さい初速度 v_0 [m/s] とは，v_0 で投げ上げたときにちょうど最高の高さが $50\,\mathrm{m}$ になることである．よって，$31\,\mathrm{m/s}$ である．

$h = \dfrac{v_0{}^2}{2g}$

Q7 x の式から $t = \dfrac{x}{v_0 \cos\theta}$ として，y の式に代入すれば得られる．

Q8 落下する時刻 t_f を式 (6.17) に代入すると，落下時の速度 $\vec{v}_f$ [m/s] は
$$\vec{v}_f = (\,v_0 \cos\theta,\ -v_0 \sin\theta\,)$$
となる．したがって，速さは $v_f = \sqrt{v_x{}^2 + v_y{}^2} = v_0$ となり，初速度と同じ大きさとなる．

章末問題

問 1 (a) $\dfrac{F}{m}$ [m/s²] (b) $\dfrac{Ft}{m}$ [m/s] (c) $\sqrt{\dfrac{2mL}{F}}$ [s]

問 2 A に作用している力を描くと，図のようになる．

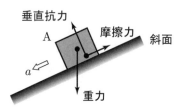

(a) $ma = mg\sin\theta - \mu' mg\cos\theta$

(b) 加速度の大きさ a に対して初速度 0 で時間 T の間に進む斜面上の距離は $\dfrac{1}{2}aT^2$ なので，高さは $\dfrac{1}{2}aT^2 \sin\theta = \dfrac{1}{2}gT^2(\sin^2\theta - \mu' \sin\theta \cos\theta)$ となる．

問 3 A の窓の上端に達する時刻と下端に達する時刻の差を求めればよい．0.29 秒

$t = \sqrt{\dfrac{2h}{g}}$

問 4 図のように，x 軸をとると，A の運動は $x_\mathrm{A}(t) = -\dfrac{1}{2}gt^2 + vt$ と表され，B の運動は $x_\mathrm{B}(t) = -\dfrac{1}{2}gt^2 + h$ と表される．

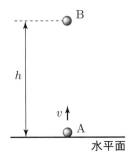

(a) 衝突時には $x_A = x_B$ なので，$\dfrac{h}{v}$ となる．

(b) 衝突時刻を x_A か x_B に代入すればよく，$h - \dfrac{gh^2}{2v^2}$ となる．

問 5 それぞれの速度と x 軸のなす角を θ_A [度] と θ_B [度] と θ_C [度] として，重力加速度の大きさを g [m/s^2] とすると，それぞれ時刻 $t_A{}'$ [s]，$t_B{}'$ [s]，$t_C{}'$ [s] で最高点の高さ h [m] とったとする式は，つぎのようになる．

$$h = -\frac{1}{2}g t_A{}'^2 + v_A t_A{}' \sin\theta_A$$
$$= -\frac{1}{2}g t_B{}'^2 + v_B t_B{}' \sin\theta_B$$
$$= -\frac{1}{2}g t_C{}'^2 + v_C t_C{}' \sin\theta_C$$

(a) 最高点に達したとき速度の y 成分が 0 であるという条件から，それぞれの時刻には，つぎの関係がある．

$$t_A{}' = \frac{v_A \sin\theta_A}{g}, \quad t_B{}' = \frac{v_B \sin\theta_B}{g}, \quad t_C{}' = \frac{v_C \sin\theta_C}{g}$$

これらを最高点の式に代入すると

$$h = \frac{v_A{}^2 \sin^2\theta_A}{2g} = \frac{v_B{}^2 \sin^2\theta_B}{2g} = \frac{v_B{}^2 \sin^2\theta_B}{2g}$$

となる．これより，$v_A \sin\theta_A = v_B \sin\theta_B = v_C \sin\theta_C$ がわかるので，$t_A{}' = t_B{}' = t_C{}'$ となる．A と B と C が落下する時刻は，最高点に達する時刻の 2 倍で与えられることから

$$t = \frac{2v\sin\theta}{g}$$

$$t_A = t_B = t_C$$

となることがわかる．

(b) x 方向の落下位置を L_A [m]，L_B [m]，L_C [m] とすると，

$$L_A = v_A t_A \cos\theta_A, \quad L_B = v_B t_B \cos\theta_B, \quad L_C = v_C t_C \cos\theta_C$$

となり，問題より $L_A < L_B < L_C$ なので，落下時刻がすべて等しいことを考えると

$$v_A \cos\theta_A < v_B \cos\theta_B < v_C \cos\theta_C$$

となる．したがって，速度の y 成分がすべて等しいことから，それぞれの速さは，つぎの関係があることがわかる．

$$v_A < v_B < v_C$$

問6 図のような x-y 座標をとり，水平方向の射出速度を v_0〔m/s〕とする．

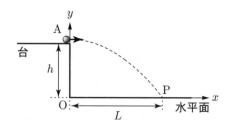

このとき，時刻 t〔s〕における速度，位置は，A の運動方程式を解いて
$$v_x(t) = v_0, \quad v_y = -gt, x = v_0 t, \quad x = v_0 t, \quad y = -\frac{1}{2}gt^2 + h$$
となる．条件は落下時に $y = 0$ で $x = L$ となることなので，$L = v_0 t$ と $0 = -\frac{1}{2}gt^2 + h$ より t を消去して v_0 について解けばよい．$v_0 = L\sqrt{\dfrac{g}{2h}}$

第 7 章

Q1 式 (7.2) より，加速度の大きさは $a = 10 \div 5.0 = 2.0 \, \text{m/s}^2$ なので，2.0 秒後の速さは $4.0 \, \text{m/s}$ となる．

Q2 式 (7.5) より，B の質量が大きい方が張力の大きさは大きくなる．

Q3 式 (7.4) と式 (7.5) より，加速度の大きさ $5.0 \, \text{m/s}^2$ で力の大きさ $1.5 \, \text{N}$ となる．

Q4 式 (7.9) より，張力の大小関係は，A と B の質量の大小関係にはよらない．

Q5 式 (7.8) と式 (7.9) より，加速度の大きさ $2.5 \, \text{m/s}^2$ で張力の大きさ $3.7 \, \text{N}$ となる．

Q6 $0.68 \, \text{m}$

Q7 t_a を $v(t)$ へ代入すればよい．$\sqrt{2gh\left(1 - \dfrac{\mu'}{\tan\theta}\right)}$〔m/s〕

Q8 例えば，距離 L〔m〕を式 (7.21) で表される終端速度で落下すると，かかる時間は $\dfrac{9\eta L}{2\rho g r^2}$〔s〕である．よって，2 倍．

章末問題

$F = ma$

問1 A にはたらいている力はひもが引く上向きの力と下向きの重力なので，合力の大きさは $1.1 \, \text{N}$ となり，加速度の大きさは $2.7 \, \text{m/s}^2$ となる．

問2 AB 間と BC 間のひもの張力の大きさを，それぞれ T_1〔N〕および T_2〔N〕とおいて，力のようすを図示すると，つぎのようになる．

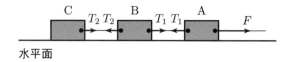

(a) 全体の加速度の大きさを a とおいて，A と B と C の運動方程式を立てると，つぎのようになる．

$$m_a a = F - T_1, \quad m_b a = T_1 - T_2, \quad m_c a = T_2$$

これらの辺々をすべて足して T_1 と T_2 を消去すると，$a = \dfrac{F}{m_a + m_b + m_c}$ が得られる．

(b) $\dfrac{(m_b + m_c)F}{m_a + m_b + m_c}$ 〔N〕, (c) $\dfrac{m_c F}{m_a + m_b + m_c}$ 〔N〕

問3 AB 間に作用している摩擦力の大きさを f〔N〕として，A と B に作用している力を図示すると，つぎのようになる．

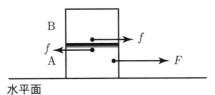

F の向きの加速度を a〔m/s²〕とすると，A と B の運動方程式は
$$Ma = F - f, \quad ma = f$$
となる．

(a) 運動方程式より，$a = \dfrac{F}{m + M}$ となる．

(b) $f = \dfrac{mF}{m + M}$

(c) B がすべり落ちないので摩擦力が最大静止摩擦力より小さいことがわかり，B に作用している垂直抗力の大きさを N〔N〕，静止摩擦係数を μ とすると $f < \mu N$ となる．鉛直方向はつり合っているので $N = mg$ なので，$\mu > \dfrac{F}{(m + M)g}$ が得られる．

問4 A にはたらいている垂直抗力の大きさを N〔N〕，摩擦力の大きさを f〔N〕，ひもの張力の大きさを T〔N〕とおいて，A と B に作用している重力とともに力の矢印を図示すると，つぎのようになる．

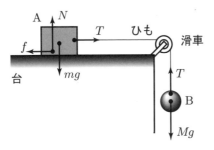

このとき，A と B に生じている加速度の大きさを a〔m/s²〕とおいて運動方程式を立てると
$$ma = T - f, \quad Ma = Mg - T$$
となる．また，A の鉛直方向の力のつり合いより，$N = mg$ なので $f = \mu' mg$ となる．あとは連立させて解けばよい．

(a) $\dfrac{(M - \mu' m)g}{M + m}$ 〔m/s²〕, (b) $\dfrac{Mm(1 + \mu')g}{M + m}$ 〔N〕

問5 A にはたらいている垂直抗力の大きさを N [N], 摩擦力の大きさを f [N], ひもの張力の大きさを T [N] とおいて, A と B に作用している重力とともに力の矢印を図示すると, つぎのようになる.

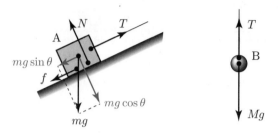

このとき, A と B に生じている加速度の大きさを a [m/s²] とおいて運動方程式を立てると

$$ma = T - f - mg\sin\theta, \quad Ma = Mg - T$$

となる. また, 斜面に直交する方向の力のつり合いより, $N = mg\cos\theta$ なので $f = \mu' mg\cos\theta$ となる. あとは連立させて解けばよい.

(a) $\dfrac{M - m(\sin\theta + \mu'\cos\theta)}{M + m} \cdot g$ [m/s²]

(b) $\dfrac{m(1 + \sin\theta + \mu'\cos\theta)}{M + m} \cdot Mg$ [N]

(c) $\sqrt{\dfrac{2h(M+m)}{g(M - m(\sin\theta + \mu'\cos\theta))}}$ [s]

(d) $\sqrt{2gh \cdot \left(\dfrac{M - m(\sin\theta + \mu'\cos\theta)}{M + m}\right)}$ [m/s]

問6 (a) mg [N], (b) $\dfrac{mg}{k}$ [m], (c) $(M - m)g$ [N]

問7 図は, 垂直抗力の大きさを N [N], ひもの張力の大きさを T [N], 静止摩擦力を f [N] とし, A が斜面を上へ向かおうとしている場合と下へ向かおうとしている場合で, A に作用している力のようすを描いたものである.

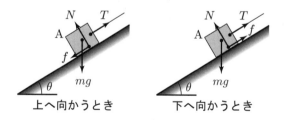

斜面に直交する向きでのつり合いより, $N = mg\cos\theta$ となる. また, B の質量を M [kg] とおけば, B のつり合いより, $T = Mg$ となる. 斜面に平行な向きでのつり合いでは, 上向きでは $T = mg\sin\theta - f$ であり, 下向きでは $T + f = mg\sin\theta$ となる. ともに摩擦力が最大静止摩擦力以下であることが条件となるので, $f \leq \mu N = \mu mg\cos\theta$ であることから, つぎのように求まる.

$$m(\sin\theta - \mu\cos\theta) \leq M \leq m(\sin\theta + \mu\cos\theta)$$

問8 $v_{\rm t} = \dfrac{2\rho g r^2}{9\eta}$ なので，$\rho \to \dfrac{\rho}{2}$ では $v_{\rm t} \to \dfrac{v_{\rm t}}{2}$ となり，必要な時間は 2 倍となる．$r \to \dfrac{r}{2}$ では $v_{\rm t} \to \dfrac{v_{\rm t}}{4}$ となるので，必要な時間は 4 倍となる．

第 8 章

Q1 57 度

Q2 半径 $r\,[{\rm m}]$ の円周の長さ $2\pi r$ と式 (8.1) を比較する．$2\pi\,[{\rm rad}]$

Q3 ${\rm P}(x,y)$ および ${\rm P}'(x,-y)$ なので，x と r だけで表される $\cos\theta$ は変化せず，

$$\sin(-\theta) = \dfrac{-y}{r} = -\dfrac{y}{r} = -\sin\theta, \quad \tan(-\theta) = \dfrac{-y}{x} = -\dfrac{y}{x} = -\tan\theta$$

となる．

Q4 省略

Q5 省略

Q6 点 P が $\pi \leq \theta < \dfrac{3\pi}{2}$ のときは，$0 < \theta < \dfrac{\pi}{2}$ と同じであり，$\dfrac{3\pi}{2} < \theta \leq 2\pi$ のときは，$\dfrac{\pi}{2} < \theta \leq \pi$ のときと同様である．

Q7 π

Q8 $\sin\left(\dfrac{5\pi}{12}\right) = \sin\left(\dfrac{\pi}{4} + \dfrac{\pi}{6}\right)$ なので，$\dfrac{\sqrt{6}+\sqrt{2}}{4}$ となる．

Q9 $\displaystyle\lim_{\theta\to 0}\dfrac{\sin 2\theta}{\theta} = \lim_{\theta\to 0}\dfrac{\sin 2\theta}{2\theta}\cdot 2 = 2$

Q10 $\displaystyle\lim_{\theta\to 0}\dfrac{\sin\theta}{\theta} = 1$ が成り立つのは θ を弧度法で測ったときなので，θ を度数法で測ると $\sin\theta$ と θ の 0 への近づき方が異なる．

$$\dfrac{\sin(\theta^\circ)}{\theta} = \dfrac{\sin\left(\frac{\pi}{180}\cdot\theta\right)}{\theta} = \dfrac{\sin\left(\frac{\pi}{180}\cdot\theta\right)}{\frac{\pi}{180}\cdot\theta\cdot\frac{180}{\pi}} = \dfrac{\sin\left(\frac{\pi}{180}\cdot\theta\right)}{\frac{\pi}{180}\cdot\theta}\cdot\dfrac{\pi}{180} \qquad 例：\dfrac{\sin 30^\circ}{30} = \dfrac{\sin\frac{\pi}{6}}{30}$$

したがって，$\dfrac{\pi}{180}$ となる．

Q11 $y' = 2\cos(2x+3)$

Q12 $y' = 2\sin(x-4)\cos(x-4)$

Q13 $y' = -4x\cos(x^2+1)\sin(x^2+1)$

Q14 $y' = \dfrac{\sin(x+1)}{\cos^2(x+1)}$

Q15 $y' = \cos^2 x - \sin^2 x$

Q16 $y' = -\dfrac{1}{\sin^2 x}$

章末問題

問1 θ の条件より，$\cos\theta > 0$ であることがわかるので，

$$\cos\theta = \sqrt{1-\sin^2\theta} = \dfrac{\sqrt{5}}{3}, \quad \tan\theta = \dfrac{\sin\theta}{\cos\theta} = \dfrac{2}{\sqrt{5}}$$

となる．加法定理を用いると，つぎのように求めることができる．
$$\sin 2\theta = \sin(\theta+\theta) = 2\sin\theta\cos\theta = 2\cdot\frac{2}{3}\cdot\frac{\sqrt{5}}{3} = \frac{4\sqrt{5}}{9}$$
$$\cos 2\theta = \cos(\theta+\theta) = \cos^2\theta - \sin^2\theta = \frac{5}{9} - \frac{4}{9} = \frac{1}{9}$$

問2 加法定理により
$$\tan(\alpha+\beta) = \frac{\sin(\alpha+\beta)}{\cos(\alpha+\beta)} = \frac{\sin\alpha\cos\beta + cos\alpha\sin\beta}{\cos\alpha\cos\beta - \sin\alpha\sin\beta}$$
となり，これの分母分子を $\cos\alpha\cos\beta$ で割れば導くことができる．

問3 $\cos^2\theta = 1 - \sin^2\theta$ なので，条件式は $\sin\theta$ に関する 2 次方程式となる．
$$\sin^2\theta + \sin\theta - 1 = 0$$
(a) これの解は $\sin\theta = \dfrac{-1\pm\sqrt{5}}{2}$ であるが，$\sin\theta = \cos^2\theta > 0$ と表されているので
$$\sin\theta = \frac{-1+\sqrt{5}}{2}$$
となる．

(b) $\dfrac{1}{1+\cos\theta} + \dfrac{1}{1-\cos\theta} = \dfrac{2}{1-\cos^2\theta} = 3+\sqrt{5}$

問4 条件式を 2 乗して，辺々を加えたあとに加法定理を利用．$-\dfrac{59}{72}$

問5 (a) $f'(x) = \dfrac{2\tan x}{\cos^2 x}$ (b) $f'(x) = 6\sin^2 2x\cos 2x$

(c) $f'(x) = \dfrac{\sin x}{(1+\cos x)^2}$

第 9 章

$T = \dfrac{2\pi r}{v}$

$v = \dfrac{2\pi r}{T},\ \omega = \dfrac{2\pi}{T}$

Q1 1.3 秒

Q2 速さ $0.31\,\mathrm{m/s}$，角速度は $3.1\,\mathrm{rad/s}$

Q3 2.1 秒

Q4 $f = \dfrac{1}{T} = \dfrac{v}{2\pi r}$ より，$1.6\,\mathrm{Hz}$

Q5 $v = \dfrac{2\pi r}{T} = 2\pi r f$ より，$3.0\,\mathrm{m/s}$

Q6 式 (9.6) で $\omega t \to \omega t + \dfrac{\pi}{2}$ とすればよく，つぎのようになる．
$$x = -r\sin\omega t,\quad y = r\cos\omega t$$

Q7 式 (9.6) で $\omega t \to \omega t + \phi$ とすればよく，つぎのようになる．
$$x = r\cos(\omega t + \phi),\quad y = r\sin(\omega t + \phi)$$

Q8 $\overrightarrow{\mathrm{OP}} = (r\cos\omega t, r\sin\omega t)$ および $\vec{v} = (-r\omega\sin\omega t, r\omega\cos\omega t)$ より，$\overrightarrow{\mathrm{OP}}\cdot\vec{v} = 0$ となることから，2 つのベクトルは直交していることがわかる．

Q9 $a = \dfrac{v^2}{r}$ より，$20\,\mathrm{m/s^2}$

Q10 $a = r\omega^2 = r \times (2\pi f)^2$ より，$49\,\mathrm{m/s^2}$

Q11 $40\,\mathrm{N}$

Q12 $v = \sqrt{\dfrac{Fr}{m}}$ より，$0.55\,\mathrm{m/s}$

Q13 $2\pi\sqrt{\dfrac{L\cos\theta}{g}}\,\mathrm{[s]}$ $\qquad\qquad\qquad\qquad\qquad\qquad\qquad T = \dfrac{2\pi}{\omega}$

Q14 $2\pi\sqrt{\dfrac{R^3}{GM}}\,\mathrm{[s]}$

Q15 $3.0 \times 10^4\,\mathrm{m/s}$

Q16 $7.9 \times 10^3\,\mathrm{m/s}$

章末問題

問1 (a) $6.3\,\mathrm{m/s}$， (b) $79\,\mathrm{m/s^2}$， (c) $9.5\,\mathrm{N}$ $\qquad\qquad v = 2\pi r f$

問2 ひもの張力が向心力となっている．$4\pi^2 m r f^2\,\mathrm{[N]}$ $\qquad\qquad \omega = 2\pi f$

問3 (a) $1.1\,\mathrm{m/s^2}$ $\qquad\qquad\qquad\qquad\qquad\qquad\qquad\qquad\qquad a = r \times (2\pi f)^2$

(b) Aにはたらく静止摩擦力が向心力となってAは等速円運動をするので，向心力は最大静止摩擦力を越えられない．このとき，回転数は $\qquad mr \times (2\pi f)^2 < \mu N$
$0.50\,\mathrm{Hz}$ となる．

(c) Aの速さは $r \times 2\pi f$ であり，摩擦力による負の加速度の大きさは $\mu' g$ である．よって，静止するまでに要する時間 t は $t = \dfrac{r \times 2\pi f}{\mu' g} = 0.26\,\mathrm{s}$ となる．この間には $9.7 \times 10^{-2}\,\mathrm{m}$ だけ進む．

問4 ひもの張力の大きさを $T\,\mathrm{[N]}$，ひもと鉛直線のなす角を $\theta\,\mathrm{[rad]}$ とおいて，Aにはたらく力を描くと，図のようになる．

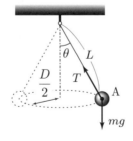

ここでは，張力と重力の合力が向心力となって円運動をしている．このとき，$\cos\theta = \dfrac{\sqrt{L^2 - (D/2)^2}}{L}$ であり，$\tan\theta = \dfrac{(D/2)}{\sqrt{L^2 - (D/2)^2}}$ である．

(a) Aは水平面内を運動するので，鉛直方向の力のつり合いから張力の大きさが求まる．$\dfrac{mgL}{\sqrt{L^2 - (D/2)^2}}\,\mathrm{[N]}$

(b) Aに生じる加速度は，向心加速度である．$\dfrac{g(D/2)}{\sqrt{L^2 - (D/2)^2}}\,\mathrm{[m/s^2]}$

$a = r\omega^2$

(c) $\sqrt{\dfrac{g}{\sqrt{L^2-(D/2)^2}}}$ [rad/s]

(d) T の式と角速度の式より，$T = mL\omega^2$ となる．ひもが耐えられるのが Mg であることから，$T < Mg$ でなければならない．よって最大値は $\sqrt{\dfrac{Mg}{mL}}$ [rad/s] となる．

問5 図のように，ばねの自然長を原点とする x 軸をとる．

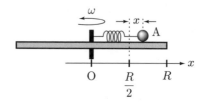

$mr\omega^2 = F$

ここで，ばねが x [m] だけ伸びた状態で回転しているとすれば A の運動方程式は $m\left(\dfrac{R}{2}+x\right)\omega^2 = kx$ と表される．

(a) $\dfrac{mR\omega^2}{2(k-m\omega^2)}$ [m]

(b) 円板から落ちるとは，$x > \dfrac{R}{2}$ のときである．$\sqrt{\dfrac{k}{2m}}$ [rad/s]

問6 図は，高度 h [m]，速さ v [m/s] で等速円運動をする質量 m [kg] の人工衛星を表している．

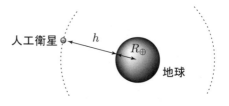

$m\dfrac{v^2}{r} = F$

この人工衛星の運動方程式は，地球の質量を $M_\oplus$ [kg]，万有引力定数を G [N·m²/kg²] として，万有引力の法則を用いると，つぎのようになる．

$$m\dfrac{v^2}{R_\oplus + h} = G\dfrac{mM_\oplus}{(R_\oplus + h)^2}$$

$mg = G\dfrac{mM}{R_\oplus^2}$

v と周期 T との関係 $T = \dfrac{2\pi(R_\oplus+h)}{v}$ および $GM_\oplus = gR_\oplus$ を用いて，v と G と $M_\oplus$ を消去すると 高度がつぎのように得られる．

$$h = \left(\dfrac{gR_\oplus^2 T^2}{4\pi^2}\right)^{1/3} - R_\oplus \text{ [m]}$$

問7 前問の関係式を用いる．

(a) $2\pi(R_\oplus+h)\sqrt{\dfrac{R_\oplus+h}{gR_\oplus^2}}$ [s]， (b) 3.6×10^7 m

第10章

Q1 $y(t) = A\sin\omega t$ と見比べると，$A = 0.20$, $\omega = 3.0$ なので，振幅は $0.20\,\mathrm{m}$，角振動数は $3.0\,\mathrm{rad/s}$ である．また，振動数は $f = \dfrac{\omega}{2\pi}$ なので $0.48\,\mathrm{Hz}$ であり，周期は $T = \dfrac{2\pi}{\omega}$ なので 2.1 秒である．

Q2 式 (10.3) で $t = 0$ の変位を代入すると，$0.25 = 0.50\sin\phi$ なので，$\phi = \dfrac{\pi}{6}$ である．したがって，$y(t) = 0.50\sin\left(2.0\,t + \dfrac{\pi}{6}\right)$ となる．

Q3 $a_y(t) = -16\sin 2.0\,t = -4.0y$ に $y = 2.0$ を代入すると，$-8.0\,\mathrm{m/s^2}$ となる．

Q4 $a_y(t) = -16\cos 2.0\,t = -4.0y$ に $y = -2.0$ を代入すると，$8.0\,\mathrm{m/s^2}$ となる．

Q5 $\sin(\omega t + \phi) = 0$ より，n を整数として $\omega t + \phi = \pm n\pi$ なので，$t = \dfrac{\pm n\pi - \phi}{\omega}$ と表される．

Q6 5.4 秒

Q7 4 倍

Q8 A の変位が $x(t) = 0.20\cos\left(\sqrt{\dfrac{20}{3.0}}\cdot t\right)$ と表され，速度が $v(t) = -0.20\cdot\sqrt{\dfrac{20}{3.0}}\sin\left(\sqrt{\dfrac{20}{3.0}}\cdot t\right)$ と表されるので，$0.20\cdot\sqrt{\dfrac{20}{3.0}} = 0.52\,\mathrm{m/s}$ となる．

Q9 $0.25\,\mathrm{m}$

章末問題

問1 (a) $7.9\,\mathrm{m/s}$, (b) $1.2\times 10^2\,\mathrm{m/s^2}$, (c) $1.2\times 10^2\,\mathrm{N}$

問2 (a) L [m], (b) $\sqrt{\dfrac{k}{m}}$ [rad/s], (c) $L\sqrt{\dfrac{k}{m}}$ [m/s], (d) kL [N]

問3 (a) $\dfrac{mg}{k}$ [m]

(b) 図は，ばねのつり合いの位置からさらに L だけ伸びた状態で，A にはたらいている力のようすを表している．

このとき，ばねは自然長から $\dfrac{mg}{k} + L$ だけ伸びているので，弾性力の大きさは $mg + kL$ となる．したがって，A に作用する力は x 軸の負の向き（上向き）に kL [N] となる．

(c) ばねの伸びが $\dfrac{mg}{k} + L$ となっても，実際に A に作用する力はつり合いの位置からのずれの分だけなので，単につり合いの位置を中心と

する単振動となる．$2\pi\sqrt{\dfrac{m}{k}}$〔s〕，

(d) $x = L\cos\left(\sqrt{\dfrac{k}{m}}\cdot t\right)$

問4 図は，A をつり合いの位置から x だけずらしたときに作用している力のようすを表している．

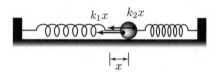

このとき，A には $(k_1+k_2)x$ の力が復元力としてはたらく．これはばね定数が $k \to k_1+k_2$ としたことと同じである．したがって，振動数は $\dfrac{1}{2\pi}\sqrt{\dfrac{k_1+k_2}{m}}$〔Hz〕となる．

問5 (a) A が B を押して加速している間は B は A と接触しているが，A が減速を始めると B は A から離れることになる．つまり，B が A から離れるのは A が最大速度になった直後である．振幅最大から最大速度までは，周期の $\dfrac{1}{4}$ である．$\dfrac{\pi}{2}\sqrt{\dfrac{m+M}{k}}$〔s〕

(b) $L\sqrt{\dfrac{k}{m+M}}$〔s〕

(c) B が離れたあとは，A のみの単振動となり，角振動数は $\sqrt{\dfrac{k}{m}}$〔rad/s〕となる．ばねが自然長のときに A は最大速度となるので，振幅を L'〔m〕とおくと，$L'\sqrt{\dfrac{k}{m}}$ と表される．これは (b) と等しくなければならないので，$L\sqrt{\dfrac{m}{m+M}}$〔m〕となる．

第 11 章

Q1 80 J

Q2 10 J

Q3 $W = \displaystyle\int_0^2 (2x+3)\mathrm{d}x = 10$ J

Q4 $W = \displaystyle\int_{-2}^2 (-2x)\mathrm{d}x = 0$ J

Q5 つり合う力の大きさが $W\sin\theta$ なので，仕事量は $WL\sin\theta$〔J〕である．

Q6 つり合う力の大きさが 0 なので，仕事量も 0 である．

Q7 20 W

章末問題

問1 図は，質量を m〔kg〕，垂直抗力を N〔N〕，動摩擦力を f〔N〕として，

角度 θ [rad] の斜面上で A に作用している力のようすを表してある.

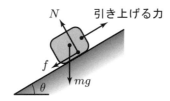

このとき，引き上げる力の大きさは，斜面に対して下向きの力とつり合う大きさなので $mg\sin\theta + f$ となる．これらに数値を与え，斜面上の距離 $\dfrac{3.0}{\sin 30°}$ を用いて計算する．

(a) 89 J，　(b) 1.8 W

問 2　(a) $\mu' mg\cos\theta$，　(b) $-\mu' mgh\left(\dfrac{\cos\theta}{\sin\theta}\right)$

問 3　向心力の向きと移動方向は直交しているので仕事はしない．0 J

問 4　図は，動滑車にはたらく力と動きのようすについて表してある．これから，力の大きさは半分になるが，動滑車を L [m] だけ持ち上げるには，両側のひもを L だけたぐる必要があるので，ひもを引く長さは $2L$ となる．

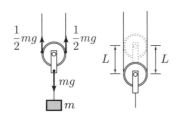

(a) $\dfrac{mg}{4}$ [N]，　(b) $4h$ [m]，　(c) mgh [J]

問 5　30 W，　6.0×10^2 J

問 6　(a) 2.9×10^5 J，(b) 35 秒

第 12 章

Q1　1.7×10^5 J

Q2　98 J

Q3　0.90 J

Q4　斜面上方に x 軸をとると，運動方程式は $ma = -mg\sin\theta$ となり，速度 $v(t)$ と位置 $x(t)$ は

$$v(t) = -gt\sin\theta + v_0, \quad x(t) = -\frac{1}{2}gt^2\sin\theta + v_0 t$$

と求まる．$x(t) = \dfrac{h}{\sin\theta}$ より点 Q を通過する時刻 t_q を求めると

$$t_q = \frac{v_0 - \sqrt{v_0{}^2 - 2gh}}{g\sin\theta}$$

となり，これを $v(t)$ に代入すれば求めることができる．

章末問題

問1 (a) $\frac{1}{2}mv^2 = mg \times 2L$ より, $2\sqrt{gL}$ [m/s] となる.

(b) $\frac{1}{2}mv^2 = mgL$ より, $\sqrt{2gL}$ [m/s] となる.

(c) ひもの張力が向心力となるので, $m\frac{v^2}{L}$ に速さを代入して $2mg$ [N] となる.

(d) L [m]

問2 図は, ひもの張力の大きさを T [N] として, 角度 θ だけ運動したときに A に作用している力のようすを表している.

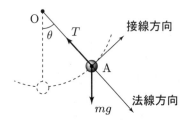

A に作用している力を円の接線方向と法線方向に分けて, それぞれの加速度を a_θ [m/s²] と a_r [m/s²] とおくと, 運動方程式はつぎのようになる.

$$ma_\theta = -mg\sin\theta, \quad ma_r = mg\cos\theta - T$$

(a) $g\sin\theta$ [m/s²]

(b) a_r は向心加速度のことなので, 速さ v [m/s] として, $a_r = -\frac{v^2}{L}$ と表される. 速さ v は力学的エネルギー保存の式

$$\frac{1}{2}mv_0{}^2 = \frac{1}{2}mv^2 + mgL(1-\cos\theta)$$

を解いて求めたあと代入すればよく $\frac{v_0{}^2}{L} - 2g(1-\cos\theta)$ [m/s²] となる.

(c) 運動方程式より, $m\frac{v_0{}^2}{L} - mg(2-3\cos\theta)$ [N] となる.

問3 図は, 張力の大きさを T [N] として, 点 P で A に作用している重力と張力のようすを表したものである.

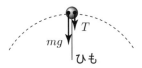

A は円軌道を描くので, 点 P で A が速さ v [m/s] で運動しているとすると, 運動方程式はつぎのようになる.

$$m\frac{v^2}{L} = mg + T$$

点 P での速さは力学的エネルギーの保存の関係

$$\frac{1}{2}mv_0{}^2 = \frac{1}{2}mv^2 + mg \times 2L$$

より，$v = \sqrt{v_0{}^2 - 4gL}$ となり，これを運動方程式へ代入し，ひもがたるまない条件（$T > 0$）を課すことで v_0 に対する条件が求まり，$v_0 > \sqrt{5gL}$ となる．

問4 (a) 力学的エネルギーは保存するので，地表面にあったときと等しい．$\dfrac{1}{2}mv^2 - G\dfrac{mM_\oplus}{R_\oplus}$〔J〕

(b) 力学的エネルギーが無限遠でも正の値となれば，地球の引力によってもどってくることはないので，$\sqrt{\dfrac{2GM_\oplus}{R_\oplus}}$〔m/s〕となる．

問5 (a) $\dfrac{mg}{k}$〔m〕

(b) つり合いの位置と d だけ縮めた位置での力学的エネルギー保存（運動エネルギー，重力による位置エネルギー，ばねの弾性エネルギー）を考えると，つり合いの位置を基準にして，つぎのようになる．

$$0 + mgd + \frac{1}{2}\left(\frac{mg}{k} - d\right)^2 = \frac{1}{2}mv^2 + 0 + \frac{1}{2}k\left(\frac{mg}{k}\right)^2$$

これより，$d\sqrt{\dfrac{k}{m}}$〔m/s〕となる．

(c) $d + \dfrac{mg}{k}$〔m〕

問6 (a) A を放す前と静止したあとのエネルギーの差が，摩擦力による仕事で失われたエネルギーである．$\dfrac{1}{2}kL_0^2 - \dfrac{1}{2}kL_1^2$〔J〕

(b) 動摩擦係数を μ' として，(a) より $\mu' mg(L_1 + L_0) = \dfrac{1}{2}kL_0^2 - \dfrac{1}{2}kL_1^2$ となるので，$\dfrac{k(L_0 - L_1)}{2mg}$ が得られる．

第 13 章

Q1 式 (13.5) の左辺で dt を約分して

$$\int_{t_1}^{t_2} m d\vec{v} = \Big[m\vec{v}\Big]_{t_1}^{t_2} = m\vec{v}(t_2) - m\vec{v}(t_1)$$

となることからわかる．

Q2 $\sin^2$ 関数の積分は，2 乗を 1 乗に変えてから行う．加法定理と $\sin^2 x + \cos^2 x = 1$ より，

$$\cos 2x = \cos^2 x - \sin^2 x = 1 - 2\sin^2 x$$

となるので，求めるべき力積 I〔N·s〕は

$$I = \int_0^T \sin^2\left(\frac{\pi t}{T}\right) dt = \int_0^T \frac{1 - \cos 2\left(\frac{\pi t}{T}\right)}{2} dt$$
$$= \left[\frac{1}{2}t - \frac{T}{4\pi}\sin 2\left(\frac{\pi t}{T}\right)\right]_0^T = \frac{T}{2}$$

となり，平均の力はこれを時間間隔 T で割ればよく $\dfrac{1}{2}$〔N〕となる．

Q3 衝突前の運動量の和は $2.0 \times 3.0 + 3.0 \times (-2.0) = 0$ より，衝突後の運動量は 0 である．したがって，A と B は衝突によって静止する．

Q4 衝突後のBの速度を x [m/s] とすると,

$$0.50 = -\frac{2.0 - x}{4.0 - 2.0}$$

となるので, $x = 3.0$ である. したがって, 衝突後のBの速度はもともとの進行方向に対して速さ $3.0 \, \mathrm{m/s}$ である.

Q5 省略

Q6 $e = \dfrac{\tan \theta_1}{\tan \theta_2} = \dfrac{1/\sqrt{3}}{1} = \dfrac{\sqrt{3}}{3}$

章末問題

$72 \, \mathrm{km/h} = 20 \, \mathrm{m/s}$

問1　$3.0 \times 10^5 \, \mathrm{N}$

問2　落下に要する時間 t_f [s] は, 高さ h から自由落下する時間と等しい.

$$t_\mathrm{f} = \sqrt{\frac{2h}{g}} \, [\mathrm{s}]$$

(a) t_f の時間に L_A および L_B だけ進む速さは, それぞれ $L_\mathrm{A}\sqrt{\dfrac{g}{2h}}$ [m/s] および $L_\mathrm{B}\sqrt{\dfrac{g}{2h}}$ [m/s] となる.

(b) $\dfrac{L_\mathrm{A} - L_\mathrm{B}}{v} \sqrt{\dfrac{g}{2h}}$

問3　(a) 落下直前の速さは, Aが0でBが $2\sqrt{gR}$ [m/s] であり, 弾性衝突なのではねかえり係数を1として連立させて解くと, AとBともに $\sqrt{gR}$ [m/s] となる.

Bは $-\sqrt{gR}$ となるが, マイナス符号は進行方向とは逆向きであることを表している.

(b) 力学的エネルギーの保存より, AとBともに R [m]

問4　地面ではねかえる直前の速さは $\sqrt{2gh}$ [m/s] なので, はねかえった直後の速さは $e\sqrt{2gh}$ [m/s] となる. もっとも高くなるまでの時間は, $0 = -gt + e\sqrt{2gh}$ より求まる. これらより, h より落下する時間 $\sqrt{\dfrac{2h}{g}}$ [s] との和を考えて, $(1+e)\sqrt{\dfrac{2h}{g}}$ [s] となる. また, 高さを h' として, 力学的エネルギー保存より $\dfrac{1}{2}m(e\sqrt{2gh})^2 = mgh'$ なので, はねかえったあとの高さは $e^2 h$ [m] となる.

問5　なめらかな斜面上の点Pで弾性衝突するので, 斜面に平行な速度成分と垂直な速度成分は変化しない. したがって, 図のように点Pでは $\sqrt{2gh}$ [m/s] の速さで水平にはねかえる.

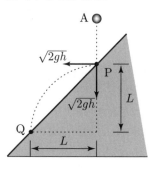

(a) PQ 間の垂直距離を L [m] とすると，水平距離も L となる．したがって，L だけ落下する時間 $\sqrt{\frac{2L}{g}}$ [s] に水平方向に L だけ移動するとして，$L = \sqrt{2gh} \times \sqrt{\frac{2L}{g}}$ となる．これより，$4\sqrt{2}h$ [m] となる．

(b) 点 P でもつ力学的エネルギーが点 Q でも変化しないことから，$\frac{1}{2}m\left(\sqrt{2gh}\right)^2 + mgL = \frac{1}{2}mv^2$ より，$\sqrt{10gh}$ [m/s] となる．

問6 図は，衝突後の B の速度を $\vec{v}$ [m/s] として，衝突の前後のようすを表している．

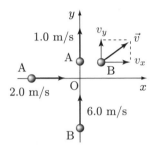

$\vec{v} = (v_x, v_y)$ として，x 方向，y 方向の運動量の保存の式を立てると，つぎのようになる．$\begin{cases} 0.2 \times 2.0 = 0.1 \times v_x \\ 0.1 \times 6.0 = 0.2 \times 1.0 + 0.1 \times v_y \end{cases}$

これより，$v_x = 4.0$ および $v_y = 4.0$ となるので，5.7 m/s と求まる．

問7 (a) L だけ縮めると，ばねのたくわえる弾性エネルギーは $\frac{1}{2}kL^2$ [J] であり，これが A と B の運動エネルギーに変化する．また，運動量の保存より，$m_A v_A = m_B v_B$ なので，$\frac{1}{2}kL^2 = \frac{1}{2}m_A v_A^2 + \frac{1}{2}m_B v_B^2$ より $\frac{k m_B L^2}{2(m_A + m_B)}$ [J] となる．

(b) $\sqrt{\frac{k m_A L^2}{m_B(m_A + m_B)}}$ [m/s]

第 14 章

Q1 つぎのようになる．
$$M\frac{d\vec{R}}{dt} = M\left(\frac{m_1 \frac{d\vec{r}_1}{dt} + m_2 \frac{d\vec{r}_2}{dt} + \cdots + m_N \frac{d\vec{r}_N}{dt}}{m_1 + m_2 + \cdots + m_N}\right)$$
$$= \vec{p}_1 + \vec{p}_2 + \cdots + \vec{p}_N$$
$$= \vec{P}$$

Q2 速度 $\vec{v}$ [m/s] および運動量 $\vec{p}$ [kg·m/s] は
$\vec{v} = (-6.0 \sin 3.0t,\ 12 \cos 3.0t,\ 0)$, $\vec{p} = (-12.0 \sin 3.0t,\ 24 \cos 3.0t,\ 0)$
となるので，角運動量 $\vec{\ell}$ [kg·m²/s] は $\vec{\ell} = (0, 0, 48)$ となる．

Q3 等速円運動している物体に作用している力は向心力であり，中心 O から物体への位置ベクトルのちょうど反対向きである．したがって，力のモーメントは 0 となるので，角運動量は変化しない．

章末問題

問1 図のように，人がはじめにいた位置を原点 O とする x 軸をとり，系の重心 G の位置と原点 O との間の距離を ℓ [m] とおく．

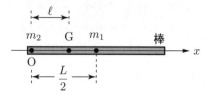

(a) 一様な棒の重心はちょうど $\dfrac{L}{2}$ の位置にあるので，重心 ℓ は次式で表される．

$$\ell = \frac{m_1 \times \frac{L}{2} + m_2 \times 0}{m_1 + m_2} = \frac{m_1 L}{2(m_1 + m_2)}$$

(b) 人と棒のと間の力は内力なので，系の重心は移動しない．棒の移動距離を d [m] として，人が他端に移動したとき，移動前後のようすは図のようになる．

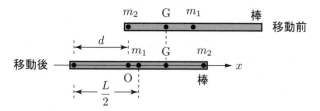

移動後で求まる重心の位置が (a) で求めたものと等しいので，

$$\frac{(\frac{L}{2} - d) \times m_1 + (L - d) \times m_2}{m_1 + m_2} = \frac{m_1 L}{2(m_1 + m_2)}$$

となり，$d = \dfrac{m_2 L}{m_1 + m_2}$ となる．

問2 (a) ひもの張力の大きさを T [N] とおいて，A の速さを v [m/s] とおいて，A の運動方程式と B のつり合いの式を立てると，つぎのようになる．

$$m\frac{v^2}{r} = T, \quad T = mg$$

これより，$v = \sqrt{gr}$ となる．

(b) B に C を加えると，ひもの張力が 2 倍となる．しかし，円運動している A に対して，増加した張力による中心の周りの力のモーメントは 0 なので，A の角運動量は変化しない．したがって，変化後の A の速さと半径を v' [m/s] および r' [m] とすると，A の運動方程式と角運動量保存の式は，つぎのようになる．

$$m\frac{v'^2}{r'} = 2mg, \quad r \cdot mv = r' \cdot mv'$$

これを解いて，$r' = 2^{-1/3} r$ と $v' = 2^{1/3}\sqrt{gr}$ が得られる．

問3 AとBの重心の位置は，棒2の長さ ℓ を $m_2 : m_1$ に分ける点なので，AとBはGを中心として，それぞれつぎの半径 r_a [m] と r_b [m] の円運動をすることになる．

$$r_a = \frac{m_2 \ell}{m_1 + m_2}, \quad r_b = \frac{m_1 \ell}{m_1 + m_2}$$

(a) この系は，図のようなGの円運動とその周りのAとBの円運動に分けられる．

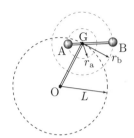

Gは質量 $m_1 + m_2$ で速さ $L\Omega$ の円運動をしており，AとBの速さ v_a [m/s] および v_b [m/s] は，つぎのように与えられる．

$$v_a = r_a \omega = \frac{m_2 \ell \omega}{m_1 + m_2}, \quad v_b = r_b \omega = \frac{m_1 \ell \omega}{m_1 + m_2}$$

したがって，全運動エネルギーは

$$\frac{1}{2}(m_1 + m_2)(L\Omega)^2 + \frac{1}{2}m_1 \left(\frac{m_2 \ell \omega}{m_1 + m_2}\right)^2 + \frac{1}{2}m_2 \left(\frac{m_1 \ell \omega}{m_1 + m_2}\right)^2$$

$$= \frac{1}{2}(m_1 + m_2) L^2 \Omega^2 + \frac{m_1 m_2 \ell^2 \omega^2}{2(m_1 + m_2)}$$

となる．

(b) 全角運動量は式 (14.43) のように，重心の角運動量と重心の周りのAとBの角運動量の和となるので，

$$L \cdot (m_1 + m_2) L\Omega + r_a \cdot m_1 v_a + r_b \cdot m_2 v_b$$

$$= (m_1 + m_2) L^2 \Omega + \frac{m_1 m_2 \ell^2 \omega}{m_1 + m_2}$$

となる．

第 15 章

Q1 式 (15.16) より，$2\pi \sqrt{\dfrac{I}{MgR}}$ [s] となる． $\quad T = \dfrac{2\pi}{\omega}$

Q2 ひもの長さ L [m] の単振り子の角振動数は，式 (10.19) で表され，$\sqrt{\dfrac{g}{L}}$ [rad/s] なので，式 (15.16) と比較すると $L = \dfrac{I}{MR}$ となる．

Q3 角運動量：$8.0\,\text{kg}\cdot\text{m}^2/\text{s}$，回転運動エネルギー：$8.0\,\text{J}$ $\quad L = I\omega$
$\quad K_r = \dfrac{1}{2}I\omega^2$

Q4 x の位置に原点をとり，つぎのような積分をすればよい．

$$I = \int_{-x}^{L-x} x^2 \left(\frac{M}{L}\right) dx = \frac{1}{3}M(L^2 - 3Lx + 3x^2)$$

Q5 慣性モーメントが $\frac{1}{3}ML^2$ なので，式 (15.16) を用いて，重心までの距離が $\frac{L}{2}$ であることに注意して

$$T = \frac{2\pi}{\omega} = 2\pi\sqrt{\frac{\frac{1}{3}ML^2}{Mg \cdot \frac{L}{2}}} = 2\pi\sqrt{\frac{2L}{3g}}$$

となる．

Q6 速さが一定でなくても，時間を微小時間 dt とすれば，同じように式 (15.28) を導くことができる．

章末問題

問1 式 (15.27) で，単位面積当たりの質量を $\frac{M}{\pi(b^2-a^2)}$ として，積分範囲を a から b とすればよい． $\frac{1}{2}M(a^2+b^2)$

問2 (a) $\frac{4}{3}ML^2$

(b) 慣性モーメントを I [kg·m^2]，角速度を ω [rad/s] として，状態 P と状態 Q の間でエネルギーの保存を考える．ただし，位置エネルギーは棒の重心の位置で考えるので，つぎのようになる．

$$mgL = \frac{1}{2}I\omega^2 + mgL(1-\cos\theta)$$

I に (a) の解を代入し，$\omega = \sqrt{\frac{3g\cos\theta}{2L}}$ となる．

(c) $L\sqrt{\frac{3g\cos\theta}{2L}}$

問3 (a) $r\omega_0$

(b) A がはじめの位置より h [m] だけ上昇するとし，円板の慣性モーメントを I [kg·m^2] とおけば，エネルギーの保存より，つぎの関係が成り立つ．

$$\frac{1}{2}M(r\omega_0)^2 + \frac{1}{2}I\omega^2 = Mgh$$

式 (15.27) より $I = \frac{1}{2}mr^2$ なので，

$$h = \frac{(m+2M)r^2\omega_0^2}{4Mg}$$

となる．

問4 ひもの張力の大きさを T [N] とし，滑車の角速度の大きさを ω [rad/s] とおいて，作用している力を図示すると，つぎのようになる．

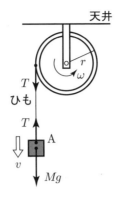

Aが速さ v [m/s] のとき，Aの運動方程式は下向きを正として

$$M\frac{dv}{dt} = Mg - T$$

となる．このとき，滑車には大きさ rT [N·m] の力のモーメントが作用しているので，滑車の回転に関する運動方程式は，慣性モーメントを I [kg·m²] として

$$I\frac{d\omega}{dt} = rT$$

となる．ただし，$I = \frac{1}{2}mr^2$ である．

(a) ひもと滑車がすべらないとして $v = r\omega$ が成り立つことから，この両辺を微分して $\frac{dv}{dt} = r\frac{d\omega}{dt}$ となるので，上の2式から T を消去して加速度の大きさを得ることができる．

$$\frac{dv}{dt} = \frac{2M}{2M+m} \cdot g$$

(b) $T = \frac{mM}{2M+m} \cdot g$

索　引

あ行

圧力, 38
圧力抵抗, 86
アルキメデスの原理, 41
位相, 93, 114
位置エネルギー, 133
運動エネルギー, 131
運動の法則, 68
運動方程式, 68, 160
運動量, 144
運動量保存の法則, 147
エネルギー, 131
円錐振り子, 109
重さ, 18

か行

外積, 12
回転数, 105
外力, 81, 154
角運動量, 158
角運動量の保存則, 160
角振動数, 114, 117, 119, 168
角速度, 105, 109, 110, 172
加速度, 62
加法定理, 99
慣性, 68
慣性の法則, 68
慣性モーメント, 167
完全非弾性衝突, 148
気圧, 40
極限値, 48
撃力, 145
向心加速度, 107
向心力, 108, 109, 110
合成速度, 60
剛体, 30, 164
合力, 16
弧度法, 92

さ行

最大静止摩擦力, 20
作用, 22
作用線, 15
作用点, 15, 24
作用反作用の法則, 22, 68, 146
三角比, 7
仕事の原理, 127
仕事率, 128
仕事量, 122
自然長, 21
質点, 31

質点系, 155
質量, 18, 68
周期, 97, 104, 114, 117, 119
重心, 18, 35, 56
終端速度, 87
自由落下, 70
重力, 18, 70
重力加速度, 23
重力加速度の大きさ, 18
瞬間の加速度, 61
瞬間の速さ, 48, 57
初期位置, 60, 69
初速度, 63, 69
振動数, 113
振幅, 97
水圧, 38
垂直抗力, 18, 23
スカラー積, 11
スカラー量, 1
ストークスの法則, 87
静止摩擦係数, 20
静止摩擦力, 19
積分定数, 52
相対速度, 58
速度, 58
速度の合成, 59

た行

第 1 宇宙速度, 110
単位円, 94
単位ベクトル, 3
単振動, 113
弾性エネルギー, 135
弾性衝突, 148, 150
弾性力, 21, 134
単振り子, 118
力, 67
力のモーメント, 31
張力, 19, 24, 79, 109
定積分, 54
等加速度直線運動, 63
導関数, 49
等速円運動, 104
等速直線運動, 60
動摩擦係数, 20
動摩擦力, 20, 84
度数法, 91

な行

内積, 11
内部エネルギー, 158

内力, 81, 153
ニュートン, 22
熱運動, 158
粘性抵抗, 86
粘性率, 87

は行
　パスカル, 38
　パスカルの原理, 39
　はねかえり係数, 148
　ばね定数, 21, 116
　ばね振り子, 117
　速さ, 58
　反作用, 22
　反発係数, 148
　万有引力, 22, 110, 135
　万有引力定数, 22
　万有引力の法則, 22
　非弾性衝突, 148
　微分係数, 48
　フックの法則, 21

不定積分, 52
浮力, 41
分力, 16
平均の加速度, 61
平均の速さ, 47, 57
ベクトル積, 12
ベクトル量, 1
変位, 56, 113
放物線, 76
保存力, 127, 133, 136
ポテンシャルエネルギー, 133

ま行
　摩擦力, 19

や行
　有向線分, 2

ら行
　力学的エネルギー, 136
　力積, 144

Memorandum

Memorandum

Memorandum

Memorandum

Memorandum

著者紹介

廣岡 秀明（ひろおか ひであき）
1995 年　東京都立大学大学院理学研究科博士課程 修了
現　在　北里大学一般教育部 准教授
　　　　博士（理学）
著　書　『薬学系のための基礎物理学』（共著，共立出版，2004）
　　　　『薬学の基礎としての物理』（共著，学術図書出版社，2008）
　　　　『薬学生のための物理入門』（共立出版，2009）
　　　　『大学新入生のための物理入門 第 2 版』（共立出版，2012）他

基礎から学べる工系の力学 Introduction to Mechanics for Engineering Students	著　者　廣岡秀明　ⓒ2015 発行者　南條光章 発行所　共立出版株式会社 〒112-0006 東京都文京区小日向 4 丁目 6 番 19 号 電話（03）3947-2511 番（代表） 振替口座 00110-2-57035 番 URL　http://www.kyoritsu-pub.co.jp/
2015 年 2 月 15 日　初　版 1 刷発行	印　刷 製　本　加藤文明社
検印廃止 NDC 423 ISBN 978-4-320-03593-5	一般社団法人 自然科学書協会 会員 Printed in Japan

JCOPY ＜(社)出版者著作権管理機構委託出版物＞
本書の無断複写は著作権法上での例外を除き禁じられています．複写される場合は，そのつど事前に，(社)出版者著作権管理機構（電話 03-3513-6969，FAX 03-3513-6979，e-mail: info@jcopy.or.jp）の許諾を得てください．

物理学の諸概念を色彩豊かに図像化！　≪日本図書館協会選定図書≫

カラー図解 物理学事典

Hans Breuer［著］　Rosemarie Breuer［図作］

杉原　亮・青野　修・今西文龍・中村快三・浜　満［訳］

ドイツ Deutscher Taschenbuch Verlag 社の『dtv-Atlas 事典シリーズ』は，見開き2ページで一つのテーマ（項目）が完結するように構成されている。右ページに本文の簡潔で分かり易い解説を記載し，左ページにそのテーマの中心的な話題を図像化して表現し，本文と図解の相乗効果で，より深い理解を得られように工夫されている。これは，類書には見られない『dtv-Atlas 事典シリーズ』に共通する最大の特徴と言える。本書は，この事典シリーズのラインナップ『dtv-Atlas Physik』の日本語翻訳版であり、基礎物理学の要約を提供するものである。内容は，古典物理学から現代物理学まで物理学全般をカバーし，使われている記号，単位，専門用語，定数は国際基準に従っている。

【主要目次】　はじめに（物理学の領域／数学的基礎／物理量，SI単位と記号／物理量相互の関係の表示／測定と測定誤差）／力学／振動と波動／音響／熱力学／光学と放射／電気と磁気／固体物理学／現代物理学／付録（物理学の重要人物／物理学の画期的出来事／ノーベル物理学賞受賞者）／人名索引／事項索引…■菊判・ソフト上製・412頁・本体5,500円（税別）

ケンブリッジ物理公式ハンドブック

Graham Woan［著］／堤　正義［訳］

『ケンブリッジ物理公式ハンドブック』は，物理科学・工学分野の学生や専門家向けに手早く参照できるように書かれたハンドブックである。数学，古典力学，量子力学，熱・統計力学，固体物理学，電磁気学，光学，天体物理学など学部の物理コースで扱われる2,000以上の最も役に立つ公式と方程式が掲載されている。詳細な索引により，素早く簡単に欲しい公式を発見することができ，独特の表形式により式に含まれているすべての変数を簡明に識別することが可能である。オリジナルのB5判に加えて，日々の学習や復習，仕事などに最適な，コンパクトで携帯に便利なポケット版（B6判）を新たに発行。

【主要目次】　単位，定数，換算／数学／動力学と静力学／量子力学／熱力学／固体物理学／電磁気学／光学／天体物理学／訳者補遺：非線形物理学／和文索引／欧文索引
■B5判・並製・298頁・本体3,300円（税別）■B6判・並製・298頁・本体2,600円（税別）

（価格は変更される場合がございます）　共立出版　http://www.kyoritsu-pub.co.jp/